José Carlos A. Cintra | Nelson Aoki
Cristina de H. C. Tsuha | Heraldo L. Giacheti

Fundações

ensaios estáticos e dinâmicos

José Carlos A. Cintra | Nelson Aoki
Cristina de H. C. Tsuha | Heraldo L. Giacheti

Fundações
ensaios estáticos e dinâmicos

oficina de textos

Copyright © 2013 Oficina de Textos
1ª reimpressão 2014 | 2ª reimpressão 2022

Grafia atualizada conforme o Acordo Ortográfico da Língua Portuguesa de 1990, em vigor no Brasil desde 2009.

Conselho editorial Cylon Gonçalves da Silva; Doris C. C. K. Kowaltowski; José Galizia Tundisi; Luis Enrique Sánchez; Paulo Helene; Rozely Ferreira dos Santos; Teresa Gallotti Florenzano

CAPA E PROJETO GRÁFICO Malu Vallim
DIAGRAMAÇÃO Casa Editorial Maluhy & Co.
PREPARAÇÃO DE TEXTO Hélio Hideki Iraha
REVISÃO DE TEXTO Roberta Oliveira Stracieri
IMPRESSÃO E ACABAMENTO Vida & Consciência

Dados Internacionais de Catalogação na Publicação (CIP)
(Câmara Brasileira do Livro, SP, Brasil)

Fundações : ensaios estáticos e dinâmicos / José Carlos A. Cintra...[et al.]. -- 1. ed. -- São Paulo : Oficina de Textos, 2013.
Outros autores: Nelson Aoki, Cristina de H. C. Tsuha, Heraldo Luiz Giacheti

Bibliografia
ISBN 978-85-7975-092-2

1. Construção de concreto 2. Engenharia civil 3. Fundações (Engenharia) I. Cintra, José Carlos A.. II. Aoki, Nelson. III. Tsuha, Cristina de H. C.. IV. Giacheti, Heraldo Luiz.

13-11715 CDD-624.15

Índices para catálogo sistemático:
1. Engenharia de fundações 624.15
2. Fundações : Engenharia 624.15

Todos os direitos reservados à Editora **Oficina de Textos**
Rua Cubatão, 798
CEP 04013-003 São Paulo SP
tel. (11) 3085 7933
www.ofitexto.com.br
atend@ofitexto.com.br

Prefácio

Temos a satisfação de publicar esta nova obra para, juntamente com as duas anteriores, que trataram do projeto geotécnico de fundações diretas e por estacas, formar a tríade de livros-texto de fundações. Novamente o público-alvo é o estudante de Engenharia Civil, o que justifica este texto didático, objetivo e sem a pretensão de esgotar o assunto. Mas, como das outras vezes, abre-se espaço para o novo, como é o caso do Cap. 2, sobre uma inovação no SPT.

Nesta obra, abordamos os ensaios estáticos e dinâmicos realizados no âmbito das fundações. Tanto os de investigação geotécnica – o SPT (dinâmico) e o CPT/CPTU (quase estático), cujos resultados são utilizados na fase de projeto de uma fundação – como as provas de carga estática e dinâmica, empregadas sobretudo como instrumentos de controle e de verificação de desempenho de fundações por estacas.

Destacamos, em particular, o Cap. 5, sobre prova de carga dinâmica. Às vezes percebemos certa relutância no meio técnico brasileiro na aceitação desse ensaio. Talvez por isso, a NBR 13208 tenha optado por denominá-lo ensaio de carregamento dinâmico em vez de prova de carga dinâmica, a denominação preferencial utilizada neste livro. Há objeções por tratar-se de um ensaio dinâmico, enquanto as estacas geralmente sofrem um carregamento estático em sua vida útil. Para contrapor esse argumento, lembramos a enorme tradição brasileira em projetar fundações com base no SPT – um ensaio dinâmico. Além do mais, o importante é sempre a parcela de resistência estática que se deduz da resistência total da prova de carga dinâmica. A relutância mencionada pode ser apenas uma postura conservadora, mediante um ensaio que emprega tecnologia mais sofisticada e exige análise e interpretação especializadas dos resultados. A prova de carga dinâmica com energia constante pode ser inconclusiva por mobilizar um único nível de resistência em todos os golpes. Por outro lado, a prova com energia crescente provoca a mobilização gradativa da resistência do sistema estaca-solo, assim como na de carga estática com seus diferentes estágios de carregamento. Em ambas é obtida a curva carga x deslocamento, a qual geralmente exige interpretação para estipular a capacidade de carga ou carga de ruptura geotécnica do sistema estaca-solo.

Na autoria dos capítulos, tivemos a satisfação de reunir os quatros atuais docentes que lecionam as disciplinas de fundações e de ensaios *in situ* na graduação em Engenharia Civil e/ou na pós-graduação em Geotecnia, na Escola de Engenharia de São Carlos da Universidade de São Paulo.

Os autores

Sumário

1 Problemas em fundações e SPT 9
   1.1 Casos históricos 9
   1.2 A inclinação dos edifícios em Santos (SP) 14
   1.3 Solos colapsíveis 16
   1.4 Relembrando o SPT 17

2 Inovação no SPT 25
   2.1 Princípio da conservação de energia de Hamilton 26
   2.2 Teoria da equação da onda aplicada ao ensaio SPT ... 27
   2.3 Resistência por atrito lateral no amostrador SPT 31
   2.4 Parâmetros K e α do método Aoki-Velloso 35
   2.5 Exemplo de aplicação da nova metodologia 36

3 CPT e CPTU 39

4 Prova de carga estática em estaca 55
   4.1 Importância do ensaio 55
   4.2 Quantidade de ensaios 58
   4.3 Montagem e execução do ensaio 64
   4.4 Prova de carga lenta 69
   4.5 Modos de ruptura 71
   4.6 Interpretação da curva carga × recalque 74
   4.7 Ensaios rápido, misto e cíclico e método do equilíbrio 86
   4.8 Material × sistema 90
   4.9 Instrumentação 92
   4.10 Tração e carga horizontal 95

5 Prova de carga dinâmica 97
    5.1 Nega de cravação 97
    5.2 Controle de nega e repique 98
    5.3 Fórmulas dinâmicas 100
    5.4 Teoria da equação da onda 104
    5.5 Método numérico de Smith 107
    5.6 Prova de carga dinâmica 111
    5.7 Ensaio de integridade (PIT) 127

Referências bibliográficas 135

Problemas em fundações e SPT

José Carlos A. Cintra

Neste capítulo introdutório comentaremos alguns problemas ocorridos em fundações que se tornaram históricos, a fim de deduzirmos lições proveitosas sobre o comportamento das fundações e também enfatizarmos o papel de conceitos aprendidos em Mecânica dos Solos. Por fim, apresentaremos uma recapitulação sobre o SPT.

1.1 Casos históricos

Inicialmente, temos o caso relatado por Tschebotarioff (1978), sem menção à localização, do tombamento de silos cilíndricos de concreto armado, com 15 m de diâmetro e 23 m de altura, em decorrência da *ruptura* do solo de fundação (Fig. 1.1). Esse caso remete a uma das noções mais fundamentais de projeto de fundações: é necessário avaliar corretamente a *resistência* disponibilizada pelo maciço geotécnico para quantificar os níveis adequados de tensões a serem aplicados.

Fig. 1.1 *Ruptura do solo de fundação de silos de concreto armado*
Fonte: Tschebotarioff (1978).

Como segundo caso, citamos a Torre de Pisa, na Itália, célebre por sua inclinação. O edifício circular de mármore, com 294 degraus até a cúpula e altura de 55,9 m, levou quase 200 anos para ser construído, de 1173 a 1350. Sua base, com diâmetro externo de 15,5 m e interno de 7,4 m, está apoiada em fundação direta.

O solo situado sob a base circular da torre apresenta camadas alternadas de areia e argila. Em planta, ao longo dessa área circular, o comportamento do maciço geotécnico é heterogêneo, pois exibe características de maior *deformabilidade* na região sul, o que não foi identificado antes da construção. Como resultado, a aplicação de uma tensão média uniforme de 0,5 MPa no solo provocou a ocorrência de *recalques* mais acentuados na região sul do que na norte (recalques diferenciais), gerando a inclinação da torre desde o início da sua construção.

Algumas tentativas de correção foram feitas ao longo do tempo, mas a inclinação evoluiu, produzindo um acréscimo de tensão na região sul, a mais deformável, o que agravou o problema. Em meados do século XX, o recalque da região norte era de 1,2 m, e o da região sul, de 3,0 m, resultando em um recalque diferencial de 1,8 m. Em 1990, a inclinação na direção sul atingia um ângulo de 5,5° com a vertical e um desaprumo horizontal de 4,5 m, com a previsão de tombamento definitivo em duas décadas. Nesse ano, a torre foi interditada para reparação, que foi concluída em 2001. Entre outras providências, foi retirado solo do lado norte, reduzindo e estabilizando a inclinação em 4° e o desaprumo em 3,9 m.

O problema do projeto de fundação da Torre de Pisa foi criticado ironicamente em uma charge da American Society of Civil Engineers (ASCE), reproduzida na Fig. 1.2.

"Eu economizei um pouco na fundação, mas ninguém nunca vai saber!"

Fig. 1.2 *Charge sobre a inclinação da Torre de Pisa*
Fonte: ASCE (1964 apud Lambe; Whitman, 1979).

Sabemos que os recalques são inevitáveis, pois os maciços de solo são sempre deformáveis (os solos são bem mais deformáveis que o concreto, por exemplo: enquanto o módulo de elasticidade no concreto pode estar na casa de dezenas de GPa, nos solos ele varia em dezenas de MPa). As curvas tensão × deformação obtidas por ensaios de resistência em corpos de prova, em laboratório, geralmente exibem deformações não nulas já para o primeiro nível de carregamento. Mas o projeto de fundações deve conduzir a valores aceitáveis (ou admissíveis) de recalques, tanto absolutos como diferenciais. Para isso, é imprescindível realizar uma adequada investigação geotécnica antes dele.

Como terceiro exemplo, temos o Teatro Nacional do México, na Cidade do México, que recalcou 1,83 m desde a sua construção, em 1909. Foi necessário escavar rampas de acesso em torno do edifício para que fosse possível descer ao piso térreo, transformado quase em subsolo (Tschebotarioff, 1978).

A Cidade do México apresenta, provavelmente, as piores condições do mundo para os projetos de fundação, pois está localizada sobre um antigo lago preenchido até grandes profundidades por camadas de argila intercaladas de lentes de areia. As partículas de cinza vulcânica fina que se depositaram pela ação combinada da água que fluía para o lago e do vento que soprava as partículas sobre a água deram origem a uma formação rara de argila mole, cujo volume se reduz a apenas um décimo do valor inicial após a expulsão da água de seus vazios (Tschebotarioff, 1978).

Por isso, nessa cidade, não há como construir sem que haja recalques absolutos de grande magnitude. No entanto, é possível minimizar os recalques diferenciais. No caso do teatro, o projeto de fundação preconizou um radiê rígido de 2,45 m de altura, o que contribuiu para tornar a estrutura rígida.

Outro exemplo internacional citado por Tschebotarioff (1978), sem identificação de local, provavelmente detém o recorde mundial de recalque: uma ponte ferroviária cujo recalque atingiu 5,80 m. O mais extraordinário é que essa ponte, constituída de uma viga isostática de aço, continuou a dar vazão ao tráfego. Ela era continuamente levantada por macacos hidráulicos para manter-se na sua posição original, enquanto os pilares de alvenaria e os aterros de acesso eram reconstruídos à medida que a fundação recalcava. Estabilizado o recalque, concretou-se o "vão" entre o topo dos pilares e os apoios da viga.

No Brasil, mencionaremos, primeiramente, o edifício da Companhia Paulista de Seguros, em São Paulo, com 26 pavimentos, à época de sua construção um dos maiores edifícios do país. Conforme relatado nos arquivos de "casos difíceis" da Franki, as fundações eram em estacas Franki e as provas de carga efetuadas deram bons resultados. Mas, ao fim da construção, em 1942, o edifício evidenciou recalques diferenciais muito pronunciados, provocando uma inclinação considerável e ameaçadora. A solução, inédita no mundo todo, foi, antes do reforço da fundação, congelar o solo para que o recalque se estabilizasse.

Esse procedimento começou com a cravação de tubos de 10 cm de diâmetro no solo, dentro dos quais foram colocados tubos de 5 cm de diâmetro. No interior dos tubos menores foi injetada salmoura resfriada a cerca de –20°C, que retornava à superfície pelo espaço anelar entre os dois tubos, resfriando o solo até congelá-lo, o que estabilizou os recalques.

No terreno assim solidificado, foram abertos e concretados tubulões de grande diâmetro, apoiados em terreno firme. Por meio de macacos hidráulicos, o edifício foi então reposto no nível conveniente.

Nesse caso, o motivo do recalque diferencial foi o escoamento de uma camada de areia fina muito argilosa, em forma de cunha, que só ocorria próximo a um dos cantos do edifício. Não consta dos arquivos da Franki, mas comenta-se que essa anomalia do terreno não foi identificada nas sondagens porque na época da investigação havia uma pequena construção nesse local, só demolida posteriormente. E, como as provas de carga geralmente são realizadas próximo de uma sondagem, nenhuma foi locada naquela parte do terreno.

Ainda no Brasil, são bem conhecidos os edifícios inclinados de Santos (SP), como, por exemplo, os dois edifícios da Fig. 1.3.

Fig. 1.3 *Edifícios inclinados de Santos (SP)*

São edifícios altos construídos até a década de 1970, com fundações em radiê na camada superficial de areia compacta, com espessura em torno de 10 m, que é sobreposta a uma camada de argila marinha mole com espessura de aproximadamente 30 m.

Quando esses prédios são suficientemente distantes uns dos outros, os recalques absolutos são relativamente homogêneos, da ordem de 30 cm, mas sem desaprumo. Todavia, uma maior proximidade entre dois deles provoca um desaprumo visível a olho nu em ambos, conforme explicaremos mais adiante. Na maioria das vezes, ocorre um desaprumo que se estabiliza com o tempo, mas, em alguns casos, o monitoramento mostra uma tendência de evolução contínua da inclinação.

Um desses casos era o do edifício Núncio Malzoni, construído em 1967, com 17 andares e fundação em radiê de 1,5 m de altura à profundidade de 2 m. O seu desaprumo era incessante, tendo atingido 2,10 m (ângulo de 2,9°) em 1995, com previsão de tombar em 10 anos. Durante seis anos procedeu-se ao reforço das fundações, com estacas escavadas com lama bentonítica de 55 m de comprimento. Em 2001, o edifício foi reaprumado com a utilização de macacos hidráulicos.

Esse problema na orla de Santos (SP), principalmente entre os canais 3 e 5, poderia ter sido evitado se fosse obedecida a recomendação técnica de não ultrapassar em 50 kPa a tensão no topo da primeira camada de argila, o que equivale a limitar em dez pavimentos os edifícios com fundação em radiê. Com a não observância desse limite, os desaprumos começaram a surgir em prédios mais altos e próximos entre si.

A partir da década de 1980, esse problema deixou de ocorrer nos prédios novos, com o advento da tecnologia de execução de estacas mais longas, em geral com mais de 40 m de comprimento, capazes de atravessar a camada de argila mole adensável. O edifício Villa D'Este, com 13 andares, foi o primeiro na orla de Santos (SP) a possuir fundações com estacas longas apoiadas em rocha: no caso, estacas de 50 m de comprimento escavadas com lama bentonítica. O fato foi tão auspicioso que mereceu a publicação de uma notícia e até de um *croquis* das fundações em jornal de grande circulação nacional (Fig. 1.4).

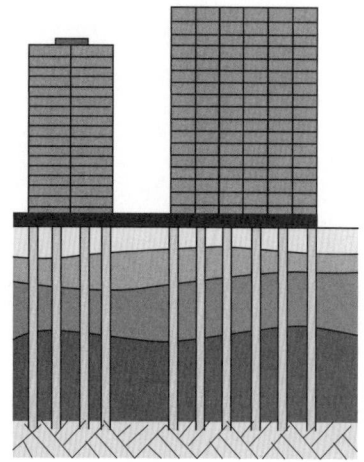

Fig. 1.4 *Fundações com estacas de 50 m apoiadas em rocha*

Com o emprego de estacas longas, os edifícios não só deixaram de desaprumar, mesmo que próximos uns dos outros, como também passaram a apresentar recalques absolutos de poucas dezenas de milímetros, o que é típico na grande maioria das fundações de edifícios no mundo todo.

Portanto, o conceito de *recalque admissível* é relativo, dependendo do local da construção. Ele pode estar na escala de algumas de dezenas de milímetros, como na grande maioria dos casos, atingir algumas dezenas de centímetros, como nos prédios em radiê de Santos (SP), e ultrapassar a casa do metro, como na Cidade do México. Entre os submúltiplos decimais das unidades do SI, temos deci, centi e mili, o que autoriza o uso de centímetros para a grandeza comprimento, não havendo, portanto, necessidade de optar somente por milímetros ou metros.

1.2 A inclinação dos edifícios em Santos (SP)

Para entendermos a inclinação dos edifícios altos com fundações superficiais em radiê na camada de areia sobreposta à argila mole, em Santos (SP), comecemos pelo esquema da Fig. 1.5. Nessa figura, representamos também o *bulbo de tensões*, a superfície que delimita o volume de solo que recebe acréscimos de tensão de pelo menos 10% daquela aplicada pelo edifício no maciço geotécnico, como visto em Mecânica dos Solos.

Com a aplicação do carregamento, representado pela tensão média σ, na base do radiê, tem início o processo de adensamento da argila mole saturada, principalmente da porção que se encontra no interior do bulbo de tensões. Assim surge o recalque de adensamento, que é função do tempo.

Uma consequência importante é que, depois de adensado, o solo torna-se mais rígido (ou menos deformável) do que antes. É o caso da porção de argila interna ao bulbo de tensões.

Consideremos agora dois edifícios suficientemente próximos entre si para provocar a interseção dos bulbos de tensão, conforme o esquema da Fig. 1.6.

Primeiro vamos considerar que o edifício da esquerda (vamos chamá-lo de A) foi construído bem antes que o da direita (B), com o intervalo de tempo necessário para ter havido boa parte do adensamento em A (uma dezena de anos ou mais).

O prédio A, mais antigo, que já sofrera o recalque de adensamento (da ordem de 30 cm, sem desaprumo), agora tem, no seu bulbo de tensões, um acréscimo de carregamento na zona hachurada, à direita, o que provoca um recalque complementar no lado direito e resulta na sua inclinação para a direita.

Ao examinar o bulbo de tensões do edifício B, vemos que a zona hachurada, à esquerda, representa uma região de solo adensado e que, por isso, vai recalcar menos que o restante desse bulbo. Logo, o lado direito vai recalcar mais, gerando a inclinação também para a direita. Portanto, nessa condição, os dois edifícios inclinam-se na mesma direção, do mais velho para o mais novo (Fig. 1.7).

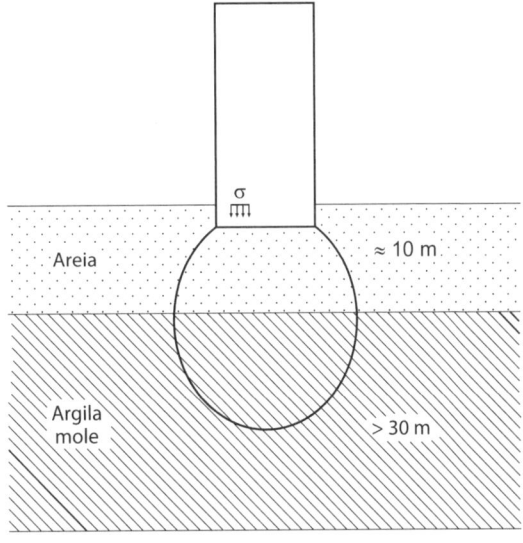

Fig. 1.5 *Esquema de um edifício alto com fundação em radiê (sem escala), em Santos (SP)*

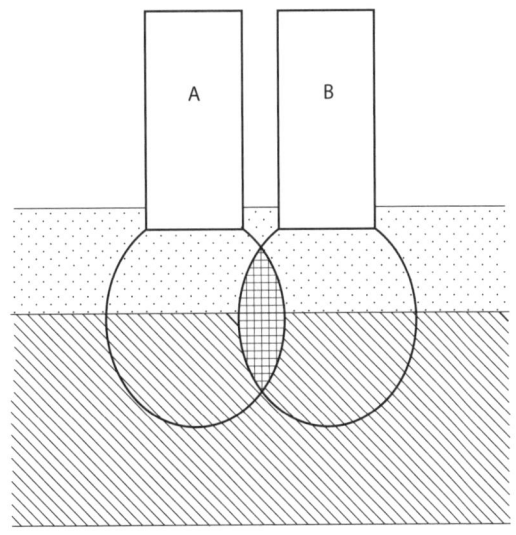

Fig. 1.6 *Esquema de dois edifícios próximos com interseção dos bulbos de tensão*

Já no caso de dois edifícios construídos simultaneamente (Fig. 1.8), A à esquerda e A' à direita, a zona hachurada representa uma

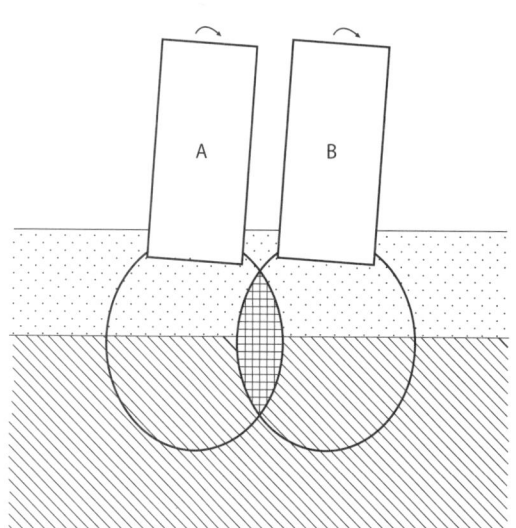 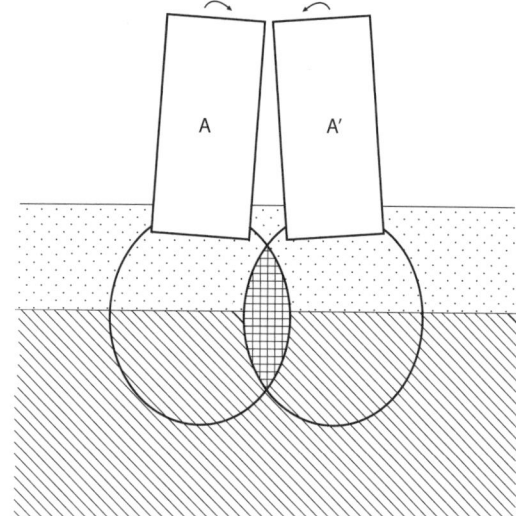

Fig. 1.7 Inclinação do edifício A, mais antigo, e do edifício B

Fig. 1.8 Inclinação de edifícios com construção simultânea

região ainda não adensada que recebe um duplo carregamento. Em consequência, o prédio A vai sofrer recalques maiores do lado direito, enquanto o prédio A' vai recalcar mais do lado esquerdo, ou seja, os edifícios vão se inclinar um em direção ao outro.

1.3 Solos colapsíveis

Os chamados solos colapsíveis são solos não saturados, geralmente porosos, cuja inundação pode causar uma espécie de colapso em sua estrutura, caracterizado por um recalque adicional repentino e de grandes proporções, sob carga constante. É o caso da camada arenosa superficial de São Carlos (SP), de boa parte da região centro-oeste do Estado de São Paulo e de várias outras regiões brasileiras e do exterior. A colapsibilidade pode ser avaliada em laboratório, no ensaio de adensamento, com inundação do corpo de prova no estágio de interesse.

Em condições de baixo teor de umidade, o solo colapsível apresenta uma espécie de resistência adicional aparente (à semelhança da coesão aparente nos castelos de areia), que viabiliza a execução de cortes verticais em maciços arenosos colapsíveis, como é o caso, por exemplo, da escavação de tubulões a céu aberto, sem revestimento.

Mas a adição de água ao solo colapsível, em razão, por exemplo, de chuvas intensas ou do rompimento do encanamento, causa uma redução na resistência, gerando recalques diferenciais importantes e provocando trincas generalizadas nas edificações. Por isso, em São Carlos (SP) e em regiões de solo colapsível, não se utilizam fundações rasas mesmo em pequenas construções, a não ser que haja algum procedimento de melhoria do solo, como a sua compactação (Cintra; Aoki, 2009). Nessas obras de pequeno porte, geralmente são empregadas fundações com estacas de baixa capacidade de carga, como é o caso das apiloadas.

1.4 Relembrando o SPT

O concreto e o aço, os materiais mais empregados na construção civil com função estrutural, são *materiais artificiais* e, por isso, fabricados com controle para atender às características especificadas.

O solo, por outro lado, é um *material natural* e, portanto, muito variável quanto à composição e ao comportamento sob carga. Ao examinar uma vertical traçada a partir da superfície do terreno ou comparar duas verticais relativamente próximas, podemos detectar a variabilidade do maciço de solos propiciada pela natureza em termos de tipos de solo, consistência, compacidade e, sobretudo, características de resistência e deformabilidade. Resumindo, a variabilidade do maciço de solo evidencia uma heterogeneidade tridimensional.

Por isso, em cada projeto de fundações devemos proceder previamente a uma análise do maciço de solos, a chamada investigação geotécnica, com o objetivo de descobrir, caso a caso, as condições que a natureza oferece.

No Brasil, o ensaio mais utilizado (e muitas vezes o único) para o projeto de fundações é o SPT, a sigla inglesa de Standard Penetration Test, comumente designado como sondagem. Como esse tema já foi tratado em Mecânica dos Solos, apresentaremos a seguir uma recapitulação. Em vez de um texto tradicional, explicando os procedimentos normatizados do ensaio, optamos por narrar uma espécie de história, como se estivéssemos criando o ensaio, com as suas potencialidades se revelando aos poucos, em decorrência natural dos passos anteriores.

Como primeiro passo, fazemos perfurações verticais no maciço de solo, os chamados *furos de sondagem*. Cada perfuração é iniciada por meio de um trado, na denominada *operação de tradagem a seco*, com a possibilidade de efetuarmos um exame tátil-visual dos detritos de solo trazidos pelo trado. Tubos de revestimento são instalados para evitar que o furo desmorone. Com o avanço da tradagem, se observarmos um aumento substancial do teor de umidade, teremos o indício indicador da provável profundidade do nível d'água (NA), que deve ser confirmada no dia seguinte ao término da sondagem. Trata-se de uma informação relevante, pois alguns tipos de fundação só podem ser executados acima do NA.

Ao atingir o NA, a perfuração prossegue por um sistema de circulação de água caracterizado por um conjunto de hastes rosqueadas introduzido por dentro do revestimento, que conta com uma peça cortante em sua ponta inferior, o trépano, cuja função é desagregar o solo. À medida que a perfuração avança, atingindo maiores profundidades, novos segmentos são adicionados tanto na haste como no tubo de revestimento.

Com a circulação da água, bombeada por dentro da haste e retornada à superfície pelo espaço anelar entre a haste e o revestimento, é possível coletar detritos de solo oriundos da profundidade em que o trépano se encontra, os quais também podem ser submetidos a um exame tátil-visual instantâneo.

Bem mais proveitoso, porém, é efetuar uma coleta de amostras do solo de diferentes profundidades, de forma sistematizada. Amostras deformadas a serem conduzidas para ensaios de caracterização em laboratório. Para tanto, utilizamos um cilindro vazado para coletar amostras, o chamado amostrador, junto à ponta inferior da haste, no lugar do trépano.

Realizada a amostragem, em uma determinada profundidade substituímos o amostrador pelo trépano para que a perfuração possa avançar, e só então realizarmos nova amostragem, e assim por diante. Portanto, as etapas de perfuração e amostragem são realizadas alternadamente. Para padronizar esse procedimento, adotamos uma amostragem por metro desde o início do furo, inclusive antes de o NA ser atingido, quando o conjunto haste + amostrador é alternado com o trado. Como o amostrador deve penetrar 45 cm para coletar a amostra, os demais 55 cm de cada metro são avançados por meio de perfuração.

Com as amostras obtidas a cada metro até a profundidade de interesse, podemos identificar as camadas do maciço (tipo de solo e espessura) presentes ao longo do furo de sondagem. Com dois ou mais furos, obtemos os chamados perfis do subsolo, muito úteis para o projeto de fundações.

Para conseguir a cravação do amostrador, utilizamos o procedimento simples de aplicar impactos ou golpes na cabeça da haste, devidamente protegida, por meio de um peso caindo em queda livre. Daí vem a denominação *sondagem a percussão*. Para cravar 45 cm do amostrador, podem ser necessários muitos golpes, quando o solo é mais resistente, ou poucos golpes, quando o solo é menos resistente. Portanto, o número de golpes representa uma medida indireta da resistência do solo e merece ser registrado.

Por isso, simultaneamente à amostragem, realizamos o chamado *ensaio penetrométrico*, com a contagem do número de golpes necessários para se cravar o amostrador com um peso padronizado, o martelo, caindo em queda livre de uma altura também padronizada. Por convenção, em vez de uma contagem única para os 45 cm de penetração do amostrador, efetuamos três contagens parciais para cada 15 cm.

Assim, o SPT é um ensaio de penetração dinâmica que consiste de três etapas: I) perfuração; II) amostragem; e III) ensaio penetrométrico. As etapas II e III são simultâneas, enquanto a I é alternada com II/III em cada metro da sondagem.

Inicialmente, perfuramos 1 m, e depois, a cada metro, temos 0,45 m para amostragem e ensaio penetrométrico, seguido de 0,55 m de perfuração, conforme esquematizado na Fig. 1.9. No primeiro metro, a amostra do solo é obtida diretamente do trado, pois o amostrador é introduzido somente no início do segundo metro.

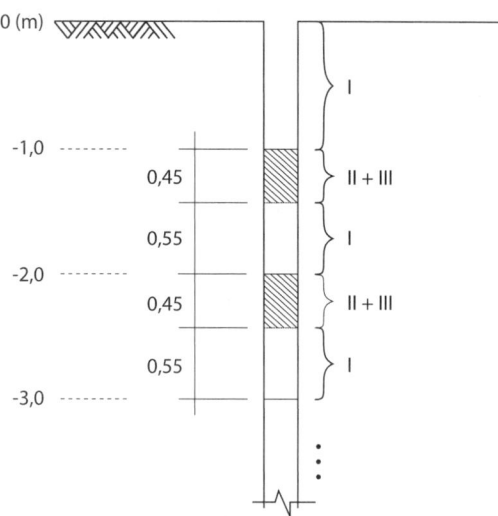

Fig. 1.9 *Sequência das etapas do ensaio SPT*

Em cada metro de sondagem, exceto no primeiro, obtemos três valores de número de golpes no ensaio penetrométrico (N_1, N_2 e N_3). Desconsiderando N_1, por ser um número afetado pela etapa de perfuração, definimos o *índice de resistência à penetração* (N_{spt}) como sendo a soma do número de golpes dos últimos 30 cm de penetração do amostrador:

$$N_{spt} = N_2 + N_3 \text{ (golpes/30 cm)} \quad (1.1)$$

conforme esquematizado na Fig. 1.10, para um determinado metro compreendido entre as profundidades z e $z+1$ de um certo furo de sondagem.

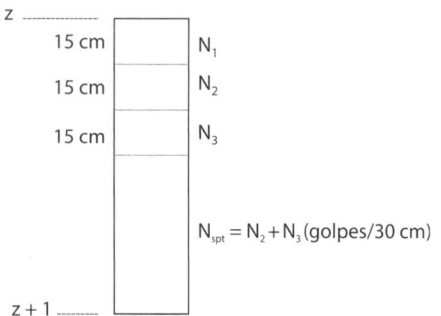

Fig. 1.10 *Definição do N_{spt}*

Obtido o valor do N_{spt} referente à cravação do amostrador nos 45 cm iniciais de um determinado metro, cabem duas interpretações: esse índice de resistência à penetração pode valer para o referido metro (como um todo) ou ser aplicável ao metro anterior. Na primeira opção, que é a predominante nos escritórios de projeto, o primeiro metro de sondagem fica sem valor de N_{spt}. Isso não traz inconveniente nenhum, por ser um valor geralmente desnecessário nos cálculos de capacidade de carga e de recalques do projeto de fundações, uma vez que a cota de projeto do topo de estacas ou tubulões e da base de sapatas está, no mínimo, a 1 m de profundidade.

O índice de resistência à penetração também pode ser representado por *N* e até por *SPT*, dependendo do autor. Assim, a sigla *SPT* pode representar tanto o ensaio (as três etapas) como apenas o índice de resistência à penetração.

Na prática, nem sempre os números N_1 a N_3 coincidem com a cravação exata de 15 cm do amostrador, e, por isso, os relatórios de sondagem podem mostrar resultados na forma de golpes/17 e golpes/14, por exemplo. Em consequência, nem sempre temos um número de golpes referente a exatamente 30 cm de penetração, como golpes/29. Nos projetos de fundações, é usual adotarmos o N_{spt} como um número inteiro e, inclusive, arredondá-lo para um número inteiro quando calculamos um valor médio de N_{spt}.

De acordo com Aoki e Cintra (2000), valores de N_{spt} de até 60 implicam a condição de ruptura do solo pelo critério de Terzaghi (1942), pois provocam uma penetração média, por golpe, de no mínimo 5 mm, ou de 10% do diâmetro externo do amostrador. Os valores superiores a 60 não teriam o mesmo significado físico, por representarem uma condição aquém da ruptura.

O índice N_{spt} é inversamente proporcional à energia efetivamente aplicada na cravação do amostrador (E_{aplicada}), a qual não atinge 100% da energia teórica de queda livre ($E_{\text{teórica}}$) em razão das perdas que ocorrem no sistema. Por isso, podemos definir a eficiência do sistema (e_f) pela relação:

$$e_f = \left(\frac{E_{\text{aplicada}}}{E_{\text{teórica}}} \right) \times 100\% \qquad (1.2)$$

Assim, um valor de N_{spt} obtido com eficiência $e_f = 72\%$ (aceito como o valor médio obtido no sistema manual empregado no Brasil) deveria ser multiplicado por 1,2 para ser comparado ao obtido com $e_f = 60\%$ (considerado o valor médio do sistema mecanizado americano), pois:

$$N_{60} \cdot 60\% = N_{72} \cdot 72\% \qquad (1.3)$$

Embora o ensaio seja normatizado, medidas de energia efetuadas em ensaios realizados no Brasil mostram que o valor da eficiência pode variar bastante de acordo com a empresa executora, chegando a valores tão baixos quanto 37% (Aoki et al., 2007). Assim, o ideal seria que cada empresa quantificasse a eficiência do seu equipamento e *modus operandi* para que fosse possível corrigir os resultados, tornando-os de fato comparáveis, por exemplo, pelo padrão de 60%:

$$N_{60} = N_{spt}(e_f/60\%) \qquad (1.4)$$

Para a estimativa de parâmetros de resistência e deformabilidade do solo por meio de correlações com o N_{spt}, o índice de resistência à penetração deve ser corrigido para considerar o efeito do confinamento, principalmente em solos arenosos, adotando-se uma tensão confinante como referência, conforme explicado por Quaresma et al. (1998).

Lembramos que, no caso de solos não saturados colapsíveis, os valores de N_{spt} são afetados pelo teor de umidade (ou de sucção matricial) da data de ensaio. Em épocas de seca, com teores de umidade mais baixos e, consequentemente, níveis de sucção matricial mais elevados, os valores de N_{spt} são maiores do que em períodos chuvosos (Cintra; Aoki, 2009).

No Brasil, algumas empresas executoras de sondagens realizam uma medida adicional após a cravação do amostrador (mas antes da sua retirada) em cada metro da sondagem: o torque necessário à rotação do amostrador. Por meio de um torquímetro aferido, adaptado diretamente na cabeça de bater, são feitas leituras do torque aplicado no topo da composição das hastes.

Esse tipo de sondagem é designado como SPT-T, isto é, SPT com medida de torque. Trata-se de uma invenção brasileira, de autoria de Ranzini (1988). Os resultados do SPT-T vêm sendo utilizados por alguns projetistas de fundações, mas ainda sem configurar uma prática corrente.

Portanto, empregando um equipamento rústico, o SPT consegue sondar o maciço de solos, com a retirada de amostras deformadas e a determinação do NA para o traçado de perfis, e também obter medidas indiretas de resistência das diferentes camadas. Mesmo assim, entendemos que a sondagem deve ser modernizada para acompanhar os desenvolvimentos de outros ensaios. Incentivamos, por exemplo, a tendência de substituir nosso sistema manual pelo mecanizado, com a devida previsão em norma.

Inovação no SPT

Nelson Aoki

Neste capítulo serão tratados aspectos inovadores do SPT, como a prova de carga estática após a medida do número de golpes, para a obtenção da eficiência do impacto, além da análise de um aspecto inédito que envolve a medida do embuchamento do solo no amostrador e sua utilização prática.

O princípio da conservação de energia de Hamilton e a teoria da equação da onda constituem a base física e matemática que pode ser aplicada na determinação do valor da resistência à penetração do amostrador padrão no solo sob a ação do impacto do martelo no ensaio SPT.

A física da evolução das energias cinética, potencial e trabalho envolve a noção de trabalho gerado por forças ativas e reativas de natureza conservativa e não conservativa ao longo do tempo de duração do impacto.

A aplicação da equação diferencial da onda longitudinal de impacto permite determinar os deslocamentos ao longo do tempo em função das forças que se desenvolvem ao longo do sistema em estudo.

As forças de reação que surgem durante a penetração do amostrador padrão no solo são, predominantemente, provenientes do atrito lateral ao longo da superfície externa e interna do amostrador padrão cilíndrico vazado. Esse fato físico é fundamental, porque o atrito lateral é uma força não conservativa que se dissipa em trabalho conforme o princípio da conservação de energia de Hamilton.

Portanto, durante o processo de transferência da energia para o volume elementar de solo na profundidade do ensaio, a energia mecânica no sistema formado por cabeça de bater + hastes + cilindro vazado do amostrador é quase totalmente dissipada, transformando-se em trabalho, tal como ocorre com as energias sonora, térmica e mecânica de uma eventual flambagem das hastes durante o impacto.

A eficiência do sistema de cravação é normalmente referenciada à seção transversal da haste logo abaixo da cabeça de bater, mas é recomendável adotar o valor de eficiência correspondente à seção da haste logo acima do topo do amostrador padrão do ensaio SPT.

O valor da resistência do solo à penetração do amostrador pode então ser determinado com base na eficiência do impacto e do valor N_{spt} medido no ensaio (Aoki; Cintra, 2000; Aoki et al., 2007).

Nesse contexto, as transformações de energia cinética, potencial e trabalho das forças não conservativas durante os eventos de impacto do martelo no ensaio SPT sugerem a abordagem dos seguintes pontos:

a) significado do número N_{spt}, de impactos para uma penetração de 30 cm;
b) sistema de referência adotado no modelo físico de um impacto da série;
c) medida do embuchamento durante a penetração do amostrador padrão no solo;
d) outros fenômenos dissipativos que ocorrem durante o impacto.

2.1 Princípio da conservação de energia de Hamilton

O princípio de Hamilton aplica-se à conservação de energia entre dois instantes de um evento dinâmico:

$$\int_{t_1}^{t_2} \delta(T-V)dt + \int_{t_1}^{t_2} \delta(W_{nc})dt = 0 \qquad (2.1)$$

Nessa expressão variacional, δ é a variação de energia cinética (T) e energia potencial (V) do sistema no intervalo de tempo ($t_2 - t_1$), enquanto W_{nc} é o trabalho efetuado por forças não conservativas no mesmo intervalo de tempo (Clough; Penzien, 1975).

Entende-se por energia cinética a energia que o sistema possui por estar em movimento, e por energia potencial, a energia do sistema que só depende da posição ou da configuração das massas atuantes no sistema.

Essa expressão, aplicável a qualquer evento físico, mostra que a energia total se conserva entre dois instantes quaisquer do evento dinâmico.

Por forças conservativas entendem-se as que não dissipam energia do sistema durante o evento (energia de deformação interna elástica, reversível, recuperável) e as forças externas presentes antes, durante e depois do intervalo do evento (reação estática disponível).

Por forças não conservativas entendem-se, entre outras, aquelas que dissipam energia do sistema durante o evento, com transformação em energia sonora, calor e amortecimento (deformação permanente ou plástica, ambas irrecuperáveis).

A análise teórico-experimental do impacto do martelo baseia-se na teoria da equação da onda longitudinal, cujos resultados atualmente são utilizados na determinação da eficiência do impacto (Belincanta, 1985; Cavalcante, 2002; Odebrecht, 2003).

2.2 Teoria da equação da onda aplicada ao ensaio SPT

A Fig. 2.1 apresenta a geometria final do sistema em relação à superfície indeslocável após um impacto do martelo, no caso do ensaio SPT.

De acordo com a NBR 6484 (ABNT, 2001), o ensaio SPT é realizado a cada metro de profundidade e consiste na cravação de um cilindro amostrador vazado de dimensões normatizadas por meio de golpes de um peso de 65 kgf caindo em queda livre de uma altura constante igual a 75 cm.

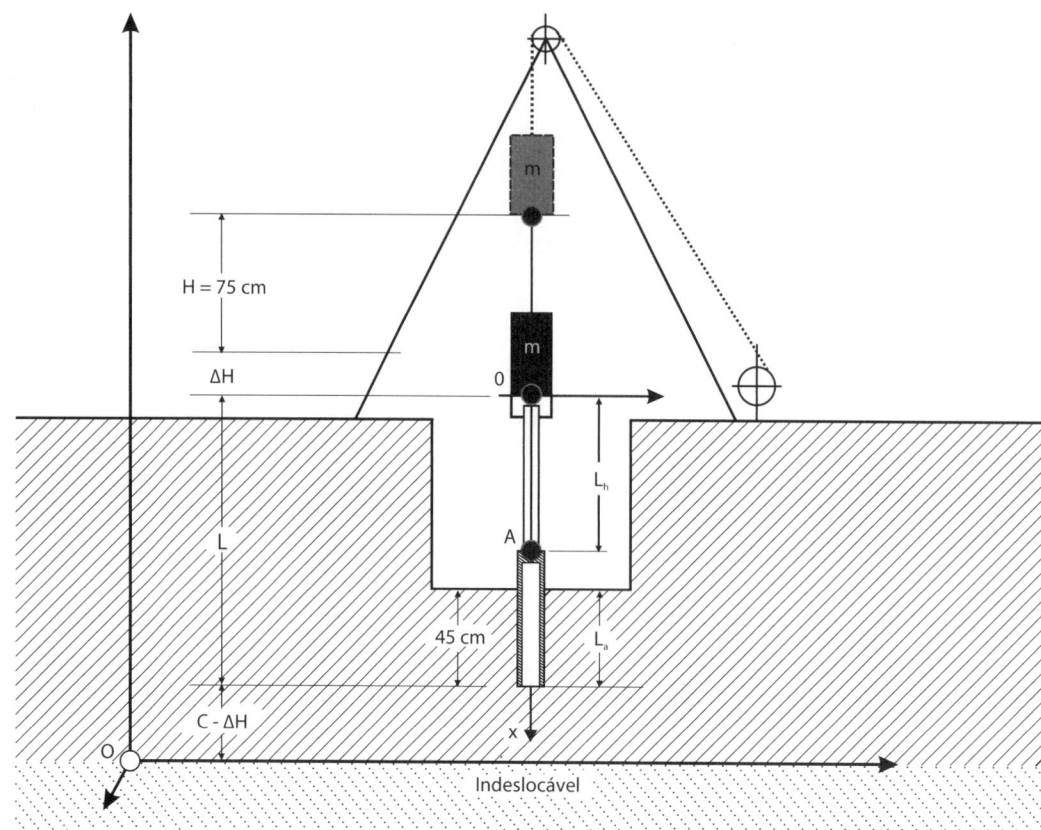

Fig. 2.1 *Referencial absoluto no ensaio SPT*

É anotado o número de golpes necessários à cravação do amostrador em três trechos consecutivos de 15 cm, e o valor da resistência à penetração (N_{spt}) corresponde ao número de golpes aplicados na cravação dos 30 cm finais.

Após a realização de cada ensaio, o amostrador é retirado do furo e a amostra é coletada para posterior classificação tátil-visual, ainda conforme prescrições da NBR 6484 (ABNT, 2001).

Sob a ação de impactos de altura constante em relação à posição da cabeça de bater, o sistema se desloca até atingir a penetração permanente final de 45 cm.

Cada impacto do martelo pode ser interpretado pela teoria da equação da onda (Smith, 1960) de modo análogo ao caso de análise de comportamento de estacas cravadas sob condições de carregamento dinâmico.

A equação da onda descreve o deslocamento w da seção transversal z ao longo do tempo t:

$$c^2 \frac{\partial^2 w}{\partial z^2} - \frac{\partial^2 w}{\partial t^2} = \frac{sU}{\rho A} \qquad (2.2)$$

em que:
w – deslocamento da seção;
t – tempo;
z – abscissa da seção;
s – reação lateral local;
ρ – massa específica;
c – velocidade da propagação $= (E/\rho)^{0,5}$;
A – área;
U – perímetro.

A solução geral dessa equação tem a forma:

$$w(z,t) = g(z+ct) + f(z-ct) = W_d \downarrow + W_u \uparrow \qquad (2.3)$$

em que:
$w(z,t)$ – deslocamento da seção z no instante t.

As duas funções componentes, g e f, são denominadas onda descendente W_d (wave down) e onda ascendente W_u (wave up), e se deslocam para baixo e para cima a uma velocidade c.

A resistência dinâmica oferecida pelo solo, por atrito e na ponta, é proporcional à velocidade de partícula em cada instante da propagação da onda ao longo do fuste da estaca. Nesse caso, a resistência dinâmica vale:

$$R_d(z,t) = J_s \cdot v \cdot R_u(z,t) \qquad (2.4)$$

e a resistência total é escrita como:

$$R_t(z,t) = R_u(z,t) + R_d(z,t) = R_u(z,t) \cdot [1 + J_s \cdot v(z,t)] \qquad (2.5)$$

em que:
J_s – coeficiente de amortecimento de Smith;
$v(z,t)$ – velocidade de partícula.

Na previsão de comportamento desse sistema, a reação mobilizada depende da natureza, resistência e rigidez do solo ao longo do amostrador e do solo entre a ponta do amostrador e a superfície rígida que serve de origem (O) do sistema de referência (Aoki, 1979; Aoki, 1989b).

No caso de pequenos deslocamentos, a colocação da origem do sistema de referência da seção z no ponto de impacto é perfeitamente admissível. Já para grandes deslocamentos que se verificam no impacto do martelo do ensaio SPT, seria importante reescrever a equação diferencial (Eq. 2.2) para o novo referencial.

A Fig. 2.1 mostra que, no final do evento dinâmico, a altura de queda do martelo referenciada ao ponto O sobre a superfície indeslocável não é o valor normatizado de $H = 75$ cm, mas sim $H + \Delta H$, com:

$$\Delta H = 30 \, cm/N_{spt} \tag{2.6}$$

A Fig. 2.2 apresenta o gráfico de altura de queda em relação ao referencial absoluto no ensaio SPT.

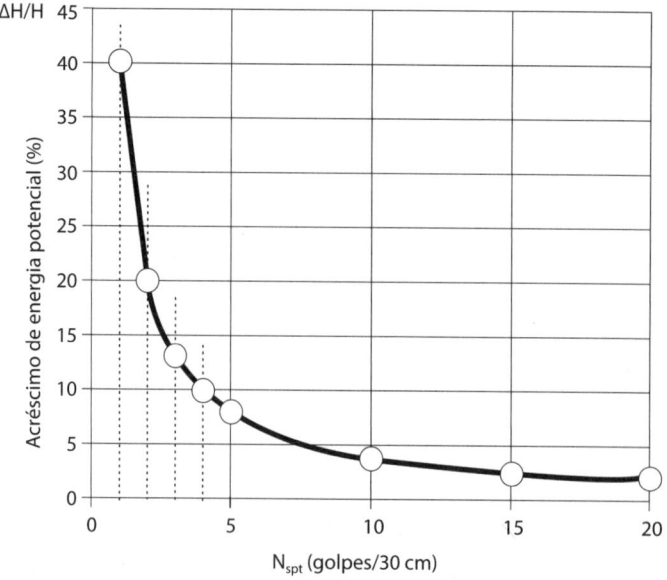

Fig. 2.2 *Altura de queda em relação ao referencial absoluto no ensaio SPT*

Conclui-se que a energia potencial no impacto do ensaio SPT é variável, com valor mínimo correspondente à altura de queda padronizada de 75 cm.

No último impacto do martelo, o deslocamento do amostrador correspondente a tempo infinito pode ser obtido pela expressão média:

$$w(L, t = \infty) = 30\,cm/N_{spt} \quad (2.7)$$

2.3 Resistência por atrito lateral no amostrador SPT

A eficiência do ensaio SPT pode ser determinada com base na execução da prova de carga estática do sistema cabeça de bater + hastes + cilindro vazado do amostrador realizada logo após a medida do valor N_{spt} (Neves, 2004):

$$e_f = R_u \cdot 30\,cm/W \cdot H \cdot N \quad (2.8)$$

em que:
R_u – resistência à penetração estática do amostrador.

Portanto, conhecidos os valores de e_f e N_{spt}, é possível determinar que, em razão da natureza não conservativa das forças atuantes, a reação R_u que o solo oferece à penetração do amostrador vale (Aoki et al., 2007):

$$R_u = e_f \cdot W \cdot H \cdot N/30\,cm \quad (2.9)$$
$$R_u = e_f \cdot 467 \cdot N_{spt}/0,3\,m \quad (2.10)$$

em que:
e_f – eficiência do impacto no topo do amostrador.

Neste livro, esses resultados foram complementados com a medida do comprimento L_{int}, da amostra de solo recuperada no instante da coleta, para fins de interpretação da resistência de ponta r_p e de atrito lateral r_L, com base na aplicação direta do princípio de conservação de energia de Hamilton (Aoki, 2012).

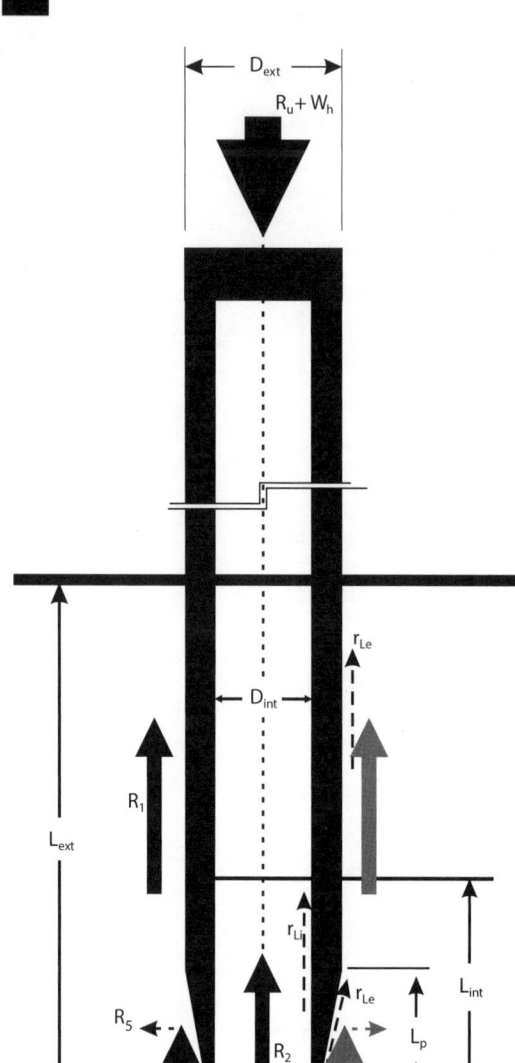

Fig. 2.3 Equilíbrio das forças atuantes no amostrador

A Fig. 2.3 apresenta o equilíbrio das forças não conservativas que surgem no impacto do martelo de peso $W = 65\,\text{kgf}$ caindo de uma altura $H = 75\,\text{cm}$.

Nessa figura, é apresentado o equilíbrio de forças atuantes no amostrador SPT provenientes da reação por atrito lateral ao longo das paredes interna e externa e da seção troncocônica do chanfro do cilindro amostrador padrão. No amostrador padrão brasileiro, as dimensões padronizadas valem:

$D_{ext} = 5{,}08\,\text{cm}$;
$D_{int} = 3{,}49\,\text{cm}$;
$D_p = 3{,}81\,\text{cm}$;
$L_p = 2{,}00\,\text{cm}$;
$L_{ext} = 45\,\text{cm}$,

enquanto L_{int} é o embuchamento de solo, uma nova variável medida a cada profundidade.

As forças de atrito que se desenvolvem nas paredes do amostrador são provenientes destas pressões de atrito lateral:

r_L – atrito na parede externa e no chanfro do amostrador;

r_{Li} – atrito na parede interna do amostrador.

As respectivas forças de atrito resultantes são:

R_1 – força de atrito na parede vertical externa do amostrador;

R_2 – força de atrito na parede vertical interna do amostrador;

R_3 – força de reação vertical na seção anelar da ponta do amostrador;

R_4 – componente vertical da força de atrito ao longo da superfície biselada troncocônica do amostrador;

R_5 – componente horizontal da força de atrito ao longo da superfície biselada troncocônica do amostrador.

O equilíbrio estático das forças atuantes no amostrador permite escrever:

$$R_u + W_h = R_1 + R_2 + R_3 + R_4 \quad (2.11)$$

em que:
W_h – peso das hastes e cabeça de bater

$$R_u = e_f \cdot 65 \cdot 75 \cdot [(30/N_{spt} + 75)/75] \cdot N_{spt}/30 \; (kgf) \quad (2.12)$$

As expressões das forças resistentes são:

$$R_1 = \pi \cdot D_{ext} \cdot (L_{ext} - L_p) \cdot r_L \quad (2.13)$$

A força R_2, que se desenvolve ao longo da parede vertical interna do amostrador, corresponde a:

$$R_2 = \pi \cdot D_{int} \cdot r_{Li} \cdot L_{int} \quad (2.14)$$

Considerando que o atrito interno é a vezes maior que o atrito externo:

$$a = r_{Li}/r_L \quad (2.15)$$

pode-se escrever:

$$R_2 = \pi \cdot D_{int} \cdot a \cdot r_L \cdot L_{int} \quad (2.16)$$

A Fig. 2.4 apresenta o equilíbrio de forças atuantes na ponta aberta do amostrador.

O equilíbrio das forças atuantes na ponta do amostrador permite escrever que a força R_2 é igual à resultante da resistência sob a ponta aberta do amostrador padrão SPT, ou seja:

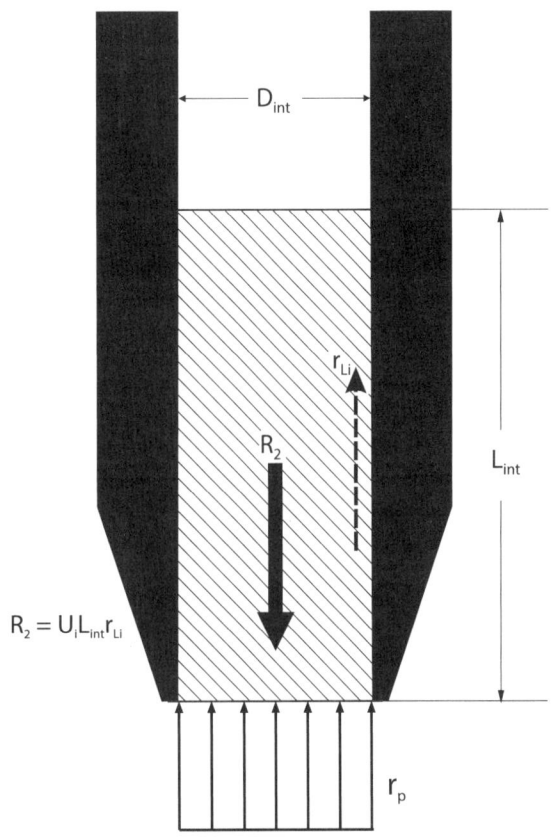

Fig. 2.4 Equilíbrio das forças atuantes na ponta aberta do amostrador

$$R_2 = \pi \cdot D_{int}^2/4 \cdot r_p \quad (2.17)$$

Nesse caso, por semelhança com o ensaio de cone CPT (Lunne; Robertson; Powell, 1997), pode-se denominar como razão de atrito R_f o número que relaciona o atrito lateral externo com a resistência de ponta do solo sob o amostrador do ensaio SPT:

$$R_f = r_L/r_p = r_{Li}/(a \cdot r_p) \quad (2.18)$$

Ao considerar essas expressões, é possível inferir que a tradicional relação de atrito pode ser determinada pela expressão:

$$R_f = D_{int}/(4 \cdot a \cdot L_{int}) \tag{2.19}$$

As demais forças podem ser determinadas pelas expressões:

$$R_3 = \pi/4 \cdot (D_p - D_{int})^2 \cdot (r_L/R_f) \tag{2.20}$$

$$R_4 = (S_L \cdot L_p/L) \cdot r_L \tag{2.21}$$

em que:

$$L = \{L_p^2 + [(D_{ext} - D_p)/2]^2\}^{0,5} \tag{2.22}$$

$$S_L = \pi \cdot L(D_{ext} + D_p)/2 \tag{2.23}$$

Essas considerações permitem determinar o atrito lateral entre o amostrador do ensaio SPT e o solo adjacente pela expressão:

$$r_L = \frac{R_u - W_h}{\pi \cdot D_{ext}(L_{ext} - L_p) + \pi \cdot D_{int} \cdot a \cdot L_{int} + \frac{\pi}{4} \cdot \frac{(D_p - D_{int})^2}{a} \cdot R_f + S_L \cdot \frac{L_p}{L}} \tag{2.24}$$

A resistência de ponta pode, então, ser deduzida pela expressão:

$$r_p = r_L/R_f \tag{2.25}$$

Em resumo, uma vez determinados os valores da eficiência e_f e da resistência N_{spt} e adotado um valor a, pode-se obter a resistência unitária de ponta e de atrito para fins de dimensionamento de estacas, desde que seja medido o comprimento de recuperação de solo embuchado na ponta do amostrador padrão do ensaio de simples reconhecimento SPT.

Note-se que não há necessidade de se conhecer o tipo de solo na ponta para se determinar a resistência à penetração do amostrador no solo.

Essa constatação valida os métodos semiempíricos de Meyerhoff, Aoki-Velloso e Décourt-Quaresma, que são baseados na medida de N_{spt}.

Em última instância, a medida do embuchamento faz do ensaio SPT um substituto do ensaio CPT de penetração estática de cone.

2.4 Parâmetros K e α do método Aoki-Velloso

O método de Aoki e Velloso (1975) é considerado semiempírico por necessitar dos parâmetros estatísticos experimentais K e α para transformar o índice N_{spt} e o tipo de solo em resistência de ponta e atrito lateral, o que é feito por meio das conhecidas expressões:

$$r_p = K \cdot N_{spt} \qquad (2.26)$$

$$r_L = \alpha \cdot r_p \qquad (2.27)$$

$$\alpha = R_f \qquad (2.28)$$

Note-se que, à luz da atual interpretação, o método empírico de Aoki e Velloso (1975) não leva em conta a eficiência e_f do ensaio SPT.

Assim, pode-se escrever que:

$$r_L = R_f \cdot K \cdot N_{spt} \qquad (2.29)$$

$$K = r_L/(R_f \cdot N_{spt}) \qquad (2.30)$$

Ao se substituir os valores na fórmula, chega-se a:

$$K = \frac{[e_f \cdot 65 \cdot 75 \cdot [(30/N_{spt} + 75)/75] \cdot N_{spt}/30] - W_h}{\dfrac{\pi \cdot D_{ext}(L_{ext} - L_p) + \pi \cdot D_{int} \cdot a \cdot L_{int} + \frac{\pi}{4} \cdot \frac{(D_p - D_{int})2}{a} \cdot \frac{R_f + S_L L_p}{L}}{[D_{int}/(4 \cdot a \cdot L_{int})] \cdot N_{spt}}} \qquad (2.31)$$

Nessa atual perspectiva, resta ainda pesquisar a relação:

$$a = r_{Li}/r_L \qquad (2.32)$$

A resistência do solo medida pelo valor N_{spt} refere-se à cravação de um cilindro de ponta aberta de pequenas dimensões em que predominam forças de reação não conservativas de atrito lateral.

A resistência de atrito lateral (r_L) e a resistência de ponta convencional (r_p) do amostrador SPT podem ser aplicadas para estacas de diferentes tipos, levando em conta os diferentes graus de perturbação do solo causada pela execução e o efeito de escala considerando os diferentes diâmetros das estacas.

No atual estágio de conhecimento, recomenda-se adotar, para a ponta, o mesmo parâmetro de transformação F_1 da fórmula de Aoki-Velloso tradicional.

A unificação da resistência do solo da presente formulação indica que se deve adotar, para o atrito lateral:

$$F_2 = F_1 \qquad (2.33)$$

2.5 Exemplo de aplicação da nova metodologia

A Tab. 2.1 apresenta as dimensões padrão do amostrador SPT e da haste.

Tab. 2.1 Dimensões do amostrador padrão e da haste

$D_{\text{externo amostrador}}$ (cm)	5,08
$D_{\text{interno amostrador}}$ (cm)	3,49
$D_{\text{externo anel cortante}}$ (cm)	3,81
$E_{\text{parede amostrador}}$ (cm)	0,80
$E_{\text{parede anel cortante}}$ (cm)	0,16
U_{externo} (cm)	15,96
U_{interno} (cm)	10,96
L_{externo} (cm)	45,00
L_{ponta} (cm)	2,00
$A_{\text{ponta fechada}}$ (cm^2)	20,27
$A_{\text{interna embuchada}}$ (cm^2)	9,57
$A_{\text{ponta = int + anel}}$ (cm^2)	11,40
$A_{\text{parede amostrador}}$ (cm^2)	10,70
$A_{\text{ponta anel}}$ (cm^2)	1,83
Peso da haste (kgf/m)	3,60

Os dados básicos que devem ser conhecidos ao se aplicar a formulação aqui apresentada são:

Eficiência do ensaio SPT (valor adotado neste exemplo) = 70% (valor que, na prática, varia entre 50% e 100%);

Relação entre atrito interno e externo (valor adotado neste exemplo): $a = 2$ (valor mínimo de 1,0).

A Tab. 2.2 apresenta um exemplo de sondagem com medida de embuchamento, e a Tab. 2.3 mostra a complementação dos valores obtidos no ensaio.

Tab. 2.2 Exemplo de sondagem com medida de embuchamento

Prof. (m)	N_{spt}	L_{int} (cm)	R_u (kgf)	L (cm)	S_L (cm²)	R_f	W_h (kgf)	r_L (kgf/cm²)
1	2	20	289	2,1	29,3	0,0224	7	0,25
2	1	26	188	2,1	29,3	0,0171	11	0,14
3	1	16	167	2,1	29,3	0,0281	14	0,14
4	1	19	201	2,1	29,3	0,0236	18	0,16
5	1	18	167	2,1	29,3	0,0249	22	0,13
6	2	19	298	2,1	29,3	0,0236	25	0,24
7	4	19	472	2,1	29,3	0,0236	29	0,40
8	5	22	592	2,1	29,3	0,0203	32	0,47
9	6	26	752	2,1	29,3	0,0171	36	0,56
10	7	30	804	2,1	29,3	0,0148	40	0,56
11	8	36	987	2,1	29,3	0,0123	43	0,63
12	9	29	1.105	2,1	29,3	0,0153	47	0,79
13	12	31	1.411	2,1	29,3	0,0143	50	0,98
14	18	34	2.093	2,1	29,3	0,0130	54	1,40
15	18	30	2.093	2,1	29,3	0,0148	58	1,49
16	10	30	1.183	2,1	29,3	0,0145	61	0,82
17	15	31	1.752	2,1	29,3	0,0143	65	1,22
18	14	29	1.638	2,1	29,3	0,0153	68	1,17
19	14	35	1.638	2,1	29,3	0,0126	72	1,06

Tab. 2.3 Resistência de atrito interno e de ponta e forças resistentes

r_{Li} (kgf/cm²)	r_p (kgf/cm²)	R_1 (kgf)	R_2 (kgf)	R_3 (kgf)	R_4 (kgf)	R (kgf)	r_{Li} (kPa)
0,49	11,02	169	105	1	7	282	49
0,28	8,11	95	78	1	4	177	28
0,29	5,15	99	49	0	4	153	29
0,33	6,90	112	66	1	5	183	33
0,27	5,32	91	51	0	4	146	27
0,49	10,33	167	99	1	7	273	49
0,79	16,76	271	160	1	11	444	79
0,94	23,20	323	222	2	13	560	94
1,12	32,79	385	314	3	16	717	112
1,12	37,89	385	363	3	16	766	112
1,26	51,33	433	491	4	18	946	126
1,58	51,50	541	493	4	22	1.060	158
1,96	68,62	674	656	6	27	1.363	196
2,81	107,85	964	1.032	9	39	2.043	281
2,98	100,92	1.024	965	8	42	2.039	298
1,63	56,11	560	537	5	23	1.124	163
2,43	85,11	835	814	7	34	1.690	243
2,34	76,42	803	731	6	33	1.573	234
2,12	84,03	729	804	7	30	1.569	212

CPT E CPTU

Heraldo Luiz Giacheti

Neste capítulo trataremos dos principais aspectos da execução e da base de interpretação dos ensaios CPT e CPTU. Apresentaremos também alguns acessórios que podem ser incorporados a esses ensaios. Entendemos que essa é uma técnica moderna e interessante para o projeto de fundações que deve ser mais utilizada no Brasil.

Os ensaios de cone (CPT) e de piezocone (CPTU) consistem na penetração quase estática, ou seja, na prensagem de uma ponteira cônica acoplada a um conjunto de hastes, com a monitoração quase contínua da resistência mobilizada. São denominados ensaio de penetração estática, em oposição ao SPT, de penetração dinâmica. Além disso, como veremos, o ensaio de cone apresenta a vantagem de se poder avaliar separadamente as parcelas de resistência de ponta e de atrito lateral, enquanto o número de golpes do SPT não faz essa distinção.

Como o SPT, os ensaios CPT e CPTU são usados, na investigação, para identificar o perfil do subsolo, avaliar preliminarmente os parâmetros geotécnicos ou dar suporte ao projeto de fundações numa abordagem direta. No entanto, a identificação do perfil é feita de maneira indireta, pois o solo não é amostrado. O CPT possui recomendação internacional e é padronizado no Brasil pela NBR 12069 (ABNT, 1991).

Nesse ensaio, introduzimos no terreno uma ponteira em forma cônica a uma velocidade constante de 2 cm/s, ou seja, investiga-se mais de 1 m do terreno a cada minuto. A ponteira de um cone padrão tem um vértice de 60° e uma área de ponta de 10 cm² (diâmetro de 35,68 mm). Podemos realizar o ensaio CPT de duas maneiras distintas: com um equipamento mecânico ou com um elétrico.

Um equipamento mais antigo, mecânico, conhecido como cone holandês, empregava uma estrutura de reação ancorada no terreno, com um sistema de aplicação de carga para possibilitar a prensagem manual da haste metálica conectada à ponteira cônica, o que permitia medir apenas a resistência de ponta (q_c). Com o advento do cone de atrito ou cone de Begemann, ainda mecânico, uma luva de atrito foi acoplada à ponta, o que possibilitou medir também o atrito lateral (f_s).

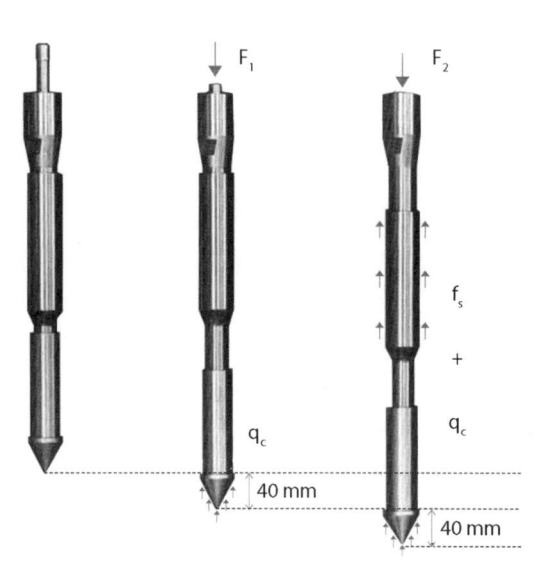

Fig. 3.1 *Ponteira do ensaio de cone mecânico de Begemann*

Assim, a cada 20 cm de profundidade o dispositivo faz penetrar apenas o cone em 4 cm, registrando o valor da força (F_1). Esta, dividida pela área da ponta (10 cm²), resulta no valor de q_c. Depois, por outros 4 cm, o dispositivo faz a penetração do cone acrescido da luva, registrando-se a força total (F_2), que, subtraída de F_1 e dividida pela área da superfície lateral da luva (150 cm²), resulta em f_s, o atrito lateral local. Por último, todo o conjunto é prensado por mais 12 cm, completando-se o ciclo de cravação de 20 cm. O cone mecânico de Begemann e a representação esquemática de como são feitas as medidas da resistência de ponta (q_c) e de atrito lateral (f_s) estão na Fig. 3.1.

Repetimos esse procedimento, com a inclusão de novas hastes de 1 m de comprimento, até a profundidade final de ensaio, o que resulta na medida das duas parcelas de resistência (q_c e f_s) a cada 20 cm de profundidade. A razão entre os valores de f_s e q_c em cada profundidade, denominada razão de atrito (R_f), é usada como indicativo do tipo de solo penetrado, uma vez que não fazemos amostragem nesse ensaio:

$$R_f = f_s/q_c \times 100 \qquad (3.1)$$

A ponteira elétrica ou CPT elétrico é a evolução do cone mecânico de atrito, com as mesmas dimensões e células de carga que registram a resistência de ponta (q_c) e o atrito lateral (f_s). Nesse ensaio, o registro de q_c e f_s é quase contínuo, sem necessidade de movimento relativo entre a ponta e a luva de atrito. Com a adição de um transdutor de poropressão no cone elétrico, é possível medir, além dos valores de q_c e f_s, as poropressões (u) geradas durante a penetração (Fig. 3.2). Essa evolução levou a resultados mais confiáveis e, consequentemente, a uma melhor possibilidade de detalhar-se o perfil do subsolo e estimarem-se os parâmetros de projeto.

Fig. 3.2 *Ponteira do piezocone*

Podemos incorporar, aos piezocones mais modernos, medidas de poropressão em mais de uma posição: na ponta (u_1), atrás da ponta (u_2, a posição padrão) e atrás da luva de atrito (u_3), como representado na Fig. 3.3. As medidas em posições distintas permitem uma melhor investigação do subsolo, em especial para a estimativa de alguns parâmetros de projeto.

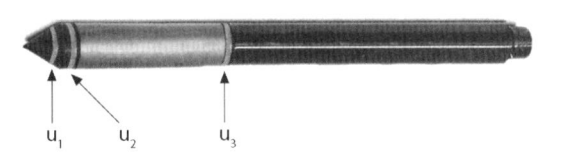

Fig. 3.3 *Posições possíveis para a medida de poropressões em um piezocone*

Quando realizamos ensaios de piezocone em meios saturados, principalmente nas argilas moles, observamos que a resistência de ponta (q_c) medida é influenciada pela ação da água que age sobre as ranhuras do cone em decorrência de sua geometria (Fig. 3.4). Desse modo, devemos corrigir o valor de q_c medido para q_t, em função do valor da poropressão que age na posição padrão do cone (u_2), conforme a expressão:

$$q_t = q_c + u_2 \cdot (1-a) \qquad (3.2)$$

em que:

q_t – resistência de ponta corrigida;

a – relação de áreas desiguais, que é dada pela expressão:

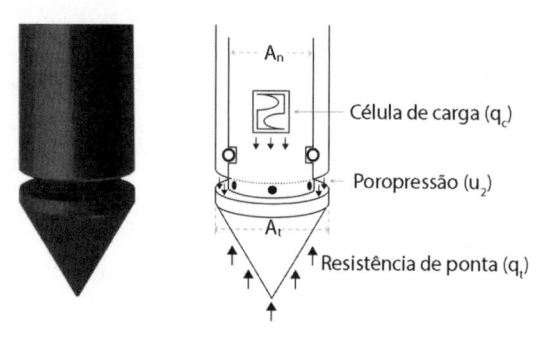

$$a = \frac{A_n}{A_t} \qquad (3.3)$$

Fig. 3.4 *Relação de áreas desiguais no piezocone e diferença entre q_c e q_t*

A execução dos ensaios CPT elétrico e CPTU é a mesma, com exceção da preparação do elemento poroso que usamos para a medida das poropressões. Esse elemento – um anel de pedra porosa com 36 mm de diâmetro externo, 5 mm de espessura e 5 mm de altura – deve ser devidamente saturado com um fluido de baixa compressibilidade, como água ou glicerina. A saturação e a instalação da pedra porosa na ponteira devem ser feitas com máximo cuidado para evitar a formação de bolhas de ar, que comprometem as medidas de poropressão. Essa saturação consiste em submergir o elemento poroso e a ponta do cone em água ou glicerina aquecida em um banho a alto vácuo ou fervura (Fig. 3.5A). Após saturarmos e montarmos o elemento poroso na ponteira do piezocone (Fig. 3.5B), devemos protegê-lo com uma membrana de borracha para impedir a perda da saturação até o início da cravação. Recomendamos a abertura de pré-furos até se atingir o nível d'água. Eles devem ser preenchidos com água para manter a saturação do piezocone e, assim, garantir a qualidade das medidas de poropressão.

Iniciamos o ensaio após a devida saturação do piezocone, cravando a ponteira com um sistema de reação que possui um sistema hidráulico, normalmente com capacidade entre 100 kN e 200 kN e montado sobre carretas, carrocerias de caminhão ou em penetrômetros multifunção (Fig. 3.6). Existem sistemas de reação tão versáteis e eficientes

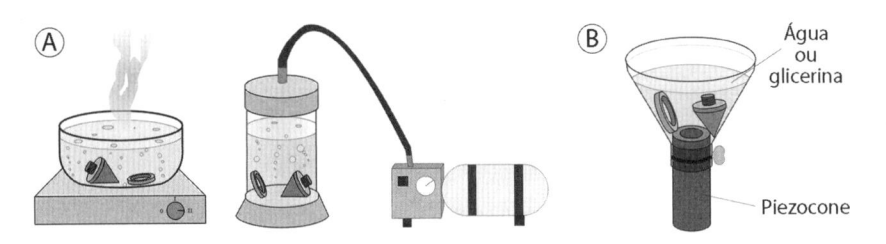

Fig. 3.5 *Saturação do piezocone: (A) deaeração da pedra porosa e da ponteira cônica; (B) instalação da pedra porosa*

Fig. 3.6 *Alguns equipamentos usados como sistema de reação em ensaios CPT e CPTU: caminhão, à esquerda, e penetrômetro multifunção, à direita*

que, quando trabalham em condições favoráveis de subsolo, podem produzir mais de 100 m de ensaio num único dia de trabalho.

Nos ensaios de cone elétrico e piezocone, os sinais normalmente são transmitidos por um cabo que passa pelo interior das hastes de cravação. Os dados são digitalizados e gravados, normalmente a cada 25 mm ou 50 mm. Os sistemas de aquisição de dados permitem a apresentação, em tempo real, dos resultados obtidos durante a penetração, utilizando gráficos da variação da resistência de ponta (q_c) e de atrito lateral (f_s) e da poropressão (u) com a profundidade.

É primordial que o sistema seja calibrado antes de sua utilização no campo para que a qualidade dos resultados seja garantida. Inicialmente, devemos realizar a calibração em laboratório de cada um dos sensores da ponteira, comparando os valores medidos com os valores de referência. A cada nova campanha de ensaios, devemos checar cada sensor com base em um valor de referência, o que pode ser feito no próprio campo.

Para a calibração do sensor de poropressão de um piezocone, podemos utilizar uma câmara para aplicar ar comprimido (Fig. 3.7A). Assim, é possível verificar a calibração plotando-se o valor registrado pelo sensor de pressão do piezocone (u_2) *versus* a pressão aplicada (P_o), que é medida com um transdutor de referência (Fig. 3.7B). Quando usamos uma câmara desse tipo, é possível fazer, ainda, medidas simultâneas da poropressão (u_2), da resistência de ponta (q_c) e do atrito lateral (f_s) para cada pressão de referência aplicada (P_o). Plotando-se, nesse mesmo gráfico, P_o *versus* q_c, podemos determinar o coeficiente a do piezocone (Fig. 3.7B), que retrata o efeito de áreas desiguais na medida da resistência de ponta. Para esse piezocone, o coeficiente a determinado é de 0,66. Encontraremos detalhes sobre a realização da calibração de um piezocone em Lunne, Robertson e Powell (1997).

Uma das principais aplicações dos ensaios CPT e CPTU é na identificação do perfil do subsolo em detalhe, mesmo sem amostragem. Nesse caso, empregamos cartas de classificação. A experiência mostra que, tipicamente, a resistência de ponta é alta em solos arenosos e baixa em solos argilosos, enquanto a razão de atrito (R_f) é baixa em solos arenosos e alta em solos argilosos. Os solos

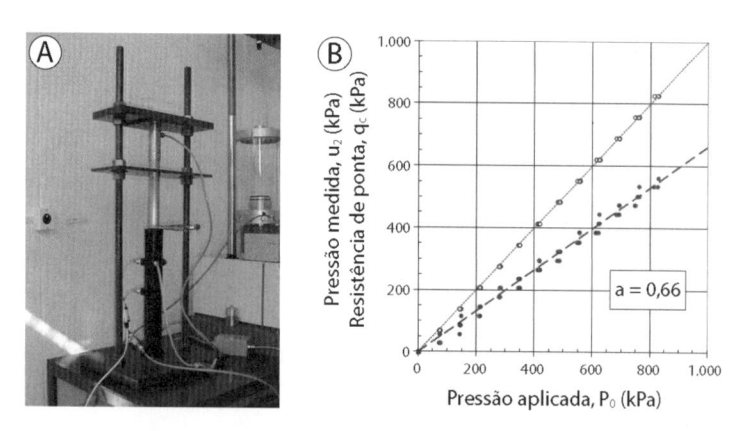

Fig. 3.7 *(A) Calibração de um piezocone com a utilização de uma câmara para aplicação de pressão de ar; (B) determinação do coeficiente a: gráfico com um resultado típico*

orgânicos, como as turfas, tendem a apresentar resistência de ponta muito baixa e R_f muito elevado.

Douglas e Olsen (1981) foram os pioneiros em propor uma carta de classificação de solos com base na resistência de ponta (q_c) e na razão de atrito (R_f) determinadas com cones elétricos. Uma carta de classificação muito utilizada é a de Robertson et al. (1986), apresentada na Fig. 3.8. Ela utiliza a resistência de ponta corrigida (q_t) e a razão de atrito (R_f), e, além da classificação dos solos, mostra a tendência de variação da densidade relativa (D_r), do histórico de tensões (OCR), da sensibilidade (S_t) e do índice de vazios (e).

O piezocone permite ainda que classifiquemos o solo utilizando a informação de poropressão, o que é feito por meio do índice de poropressão (B_q), cuja expressão está no interior da carta B_q versus q_t da Fig. 3.8. Esse recurso é interessante especialmente para solos moles, em que os valores de resistência de ponta são baixos e a geração de poropressão, elevada. É importante destacarmos o fato, já alertado por Douglas e Olsen (1981), de que os ábacos de classificação de CPT e CPTU não fornecem um indicativo preciso

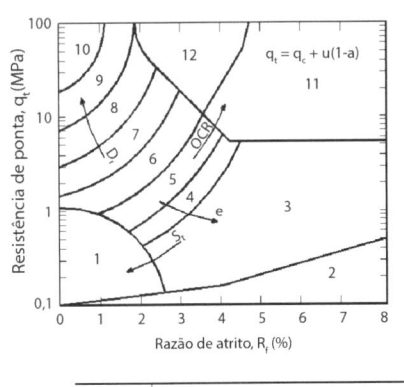

SBT	Tipo de comportamento do solo
1	Solos finos sensíveis
2	Solos orgânicos
3	Argila
4	Argila siltosa a argila
5	Silte argiloso a argia siltosa
6	Silte arenoso a silte argiloso

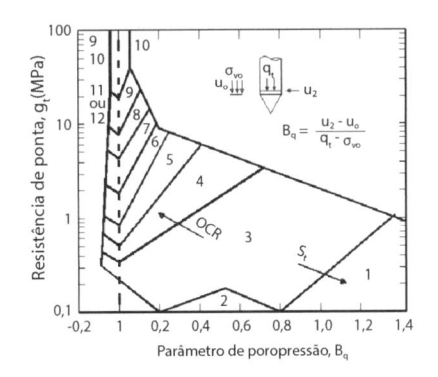

SBT	Tipo de comportamento do solo
7	Areia siltosa a silte arenoso
8	Areia a areia siltosa
9	Areia
10	Areia pedregulhosa a areia
11	Solo fino muito rijo *
12	Areia a areia pedregulhosa *

* Pré-adensado ou cimentado

Fig. 3.8 *Carta de classificação de solos utilizando CPT elétrico*

Fonte: Robertson et al. (1986).

do tipo de solo com base na sua composição granulométrica, mas dão uma orientação sobre o seu tipo de comportamento. Isso é ainda mais relevante quando os ensaios são realizados em solos de comportamento não convencional, como os solos tropicais presentes em grande parte do Brasil.

De Mio e Giacheti (2007) demonstraram a aplicabilidade do ensaio de piezocone para o detalhamento do perfil estratigráfico em três áreas da costa litorânea brasileira. Um dos resultados está na Fig. 3.9, na qual encontramos o perfil interpretado com base na carta de classificação de Robertson et al. (1986). Nessa figura é possível observar que, na camada de areia entre 8,5 m e 11,2 m de profundidade, a penetração se dá sem gerar excesso de poropressão (u_2). Assim, o prolongamento dessa reta definiu a posição do nível d'água (NA) em 1,8 m de profundidade. Esse recurso sempre pode ser utilizado em ensaios de piezocone quando existe, no perfil, pelo menos uma camada em que a penetração é drenada.

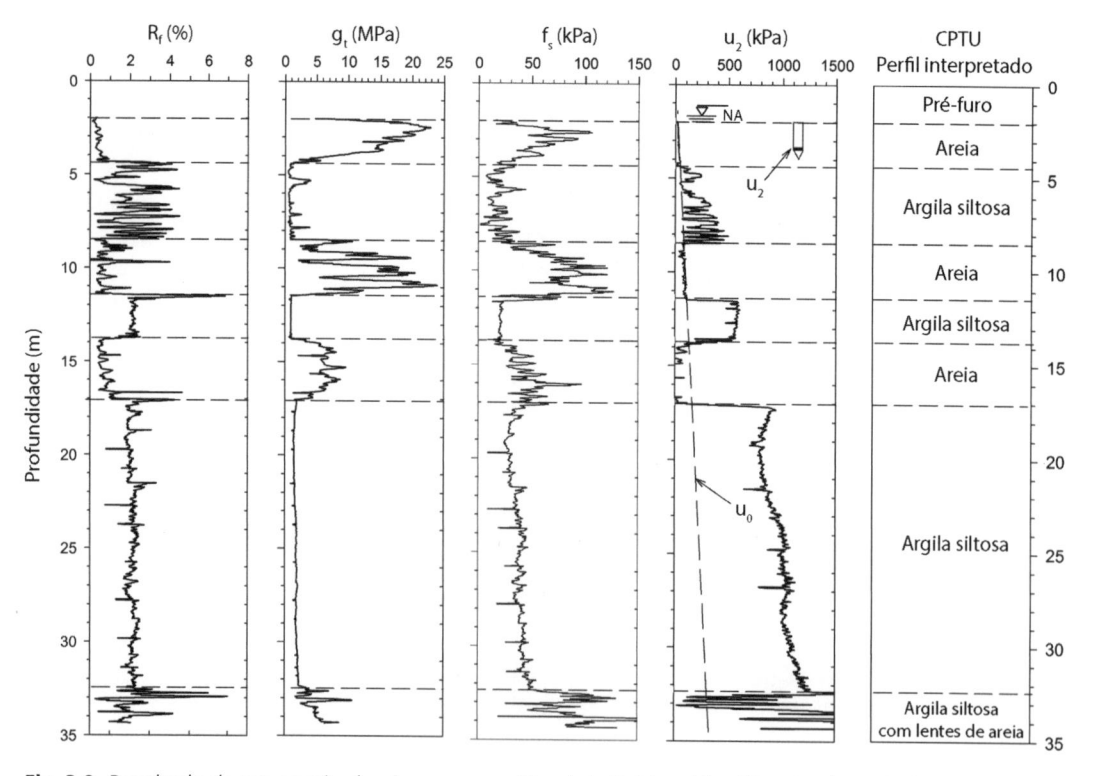

Fig. 3.9 *Resultado de um ensaio de piezocone no litoral da Bahia e identificação das principais camadas*
Fonte: De Mio e Giacheti (2007).

A resistência de ponta e o atrito lateral aumentam com a profundidade em razão da tensão de confinamento. Portanto, os resultados de ensaios CPT e CPTU necessitam de correções para que sejam interpretados, especialmente quando os ensaios são mais profundos. Por exemplo, em uma camada espessa de argila pré-adensada, a resistência do cone aumentará com a profundidade, resultando em mudanças aparentes na classificação quanto ao tipo de solo. Assim, outra carta de classificação, que deve ser usada em ensaios mais profundos, com 30 m ou mais, foi proposta por Robertson (1990).

Segundo uma abordagem mais recente de interpretação de ensaios de piezocone, proposta por Robertson (2009), o zoneamento do perfil do terreno deve ser feito com base no comportamento geomecânico esperado, mais do que com base na sua diferenciação em classes texturais. A base dessa abordagem é semiempírica e fundamentada na teórica dos estados críticos. Segundo ela, é possível determinar o índice do material (I_c), que permite avaliar seu comportamento – por exemplo, certo solo tem comportamento típico de areias – sem valorizar sua composição textural.

Após a definição do perfil do subsolo, quando já se identificaram as camadas e se definiram aquelas mais importantes para o comportamento da obra – por exemplo, a presença de uma camada muito compressível –, a interpretação dos resultados continua e pode ser conduzida de duas maneiras distintas: segundo uma abordagem direta (relacionando o comportamento do cone e de uma estaca) ou uma abordagem indireta (em que os parâmetros geotécnicos são determinados).

Na forma direta de interpretação, é empregada uma abordagem semiempírica para correlacionar diretamente os valores medidos de resistência de ponta (q_t) e de atrito lateral (f_s) com o comportamento observado em fundações, sem a necessidade de se derivar os parâmetros geotécnicos dos solos. A base dessa abordagem apoia-se nos resultados de provas de carga realizadas em diferentes tipos de fundação. Essa prática tem sido utilizada, em especial no Brasil, provavelmente pela dificuldade de se considerar os diversos fatores que afetam o comportamento de solos não convencionais, como os residuais não saturados. Essa forma de abordagem é interessante, pois se torna possível relacionar diretamente a resistência de ponta e o atrito lateral mobilizados em uma estaca e em um cone.

Um método clássico muito empregado no Brasil é o de Aoki e Velloso (1975), desenvolvido para valores de q_c e f_s medidos com a utilização de um cone mecânico. De Rutier (1971) diz que não é necessário corrigir o valor de q_c obtido com cone elétrico, mas os valores de atrito lateral (f_s) medidos com cone mecânico são da ordem do dobro daqueles determinados utilizando-se um cone elétrico.

Na abordagem indireta, empregamos, em fórmulas e correlações, os valores de q_c, f_s e u para estimar os parâmetros de resistência, compressibilidade e permeabilidade do solo. No caso de areias, podemos estimar os seguintes parâmetros: peso específico (γ), densidade relativa (D_r), parâmetro de estado (ψ), coeficiente de empuxo no repouso (K_o), ângulo de atrito interno efetivo (ϕ') e módulo de deformabilidade (*E*), edométrico (*M*) e de cisalhamento máximo (G_o). Já para as argilas, temos: peso específico (γ), resistência não drenada (S_u), razão de pré-adensamento (OCR), sensibilidade (S_t), módulos (*E, M* e G_o), coeficiente de adensamento (c_h) e coeficiente de permeabilidade (*k*). Embora possamos interpretar alguns desses parâmetros segundo uma abordagem teórica, a maioria é obtida por meio de correlações com resultados de ensaios de laboratório e/ou ensaios específicos *in situ*. A Tab. 3.1 apresenta um indicativo da aplicabilidade dos ensaios CPTU para a estimativa desses parâmetros para areias e argilas, com a classificação da aplicabilidade do uso desses ensaios para esse fim.

TAB. 3.1 Aplicabilidade de ensaios CPTU para a estimativa de parâmetros de projeto

Tipo de solo	Parâmetros de estado inicial					Parâmetros de resistência		Características de deformabilidade			Características de fluxo	
	D_r	ψ	K_0	OCR	S_t	S_u	ϕ'	E, G	M	G_0	k	C_h
Argila			4-5	2-3	2-3	1-2	3-4	4-5	4-5	4-5	2-4	2-3
Areia	2-3	2	4-5	4-5			2	2-4	2-4	2-3		

Classificação de aplicabilidade: 1 - alta; 2 - alta a moderada; 3 - moderada; 4 - moderada a baixa; 5 - baixa
Fonte: Lunne, Robertson e Powell (1997).

A estimativa desses parâmetros emprega inúmeras propostas disponíveis na literatura. A maioria foi desenvolvida com base semi-empírica para solos sedimentares, havendo poucas para solos não convencionais, como solos residuais e não saturados. Assim, o emprego dessas fórmulas deve ser feito com critério, na fase preliminar de projeto, e ser sempre confirmado em cada local estudado, por meio de ensaios específicos *in situ* ou de laboratório.

O ensaio de piezocone oferece a possibilidade de se realizar, a cada parada de penetração, um ensaio adicional denominado dissipação de poropressões. Ela dependerá das características de permeabilidade e compressibilidade do solo, e sua interpretação permite estimar o coeficiente de adensamento. Esse ensaio é de grande interesse para a prática de engenharia, pois não é necessária a coleta de amostras indeformadas, as quais muitas vezes não oferecem a qualidade necessária para a determinação de parâmetros de compressibilidade. Teoricamente, no momento em que a penetração é interrompida, a penetração do cone também para. Registra-se a poropressão no tempo, conforme o gráfico da Fig. 3.10. É possível fixar o tempo de dissipação em todas as camadas ou a dissipação pode continuar até uma porcentagem predeterminada da pressão hidrostática ou da poropressão de equilíbrio, ou seja, mais de 50% de dissipação para se determinar o t_{50}. Existem soluções teóricas que permitem interpretar as tensões e poropressões ao redor do cone, e, assim, é possível estimar o coeficiente de adensamento na direção horizontal (c_h) empregando-se a fórmula a seguir, que considera um fator tempo adimensional:

$$c_h = \frac{T_{50} \cdot r_o^2 \cdot \sqrt{I_r}}{t_{50}} \qquad (3.4)$$

em que:
t_{50} – tempo para que ocorra 50% de dissipação;
T_{50} – fator tempo adimensional para os 50% de dissipação;
r_o – raio da ponteira do piezocone;
I_r – índice de rigidez.

Segundo Robertson e Cabal (2012), a experiência com a realização e a interpretação desse ensaio indica que é possível estimar c_h

dentro de mais ou menos metade de uma ordem de grandeza. Além disso, esse ensaio é uma forma precisa para se avaliar mudanças nas características de consolidação dentro de um mesmo perfil do subsolo.

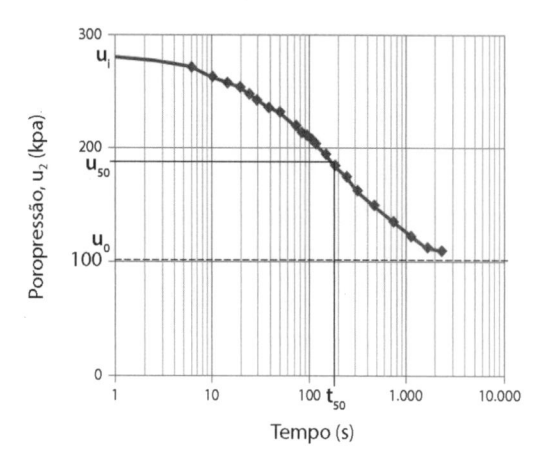

Fig. 3.10 *Representação esquemática do resultado de um ensaio de dissipação de poropressão e os princípios de sua interpretação para se determinar c_h*

Considerando que os ensaios CPT e SPT são os mais utilizados na investigação para o projeto de fundações e que ambos fornecem uma medida da resistência à penetração (o N_{spt} e o q_c), é importante conhecer a relação existente entre essas duas medidas. Diversos autores estudaram a relação q_c/N_{spt}, que é fortemente influenciada pelo tamanho das partículas do solo, uma vez que a interação delas com cada um dos ensaios é diferente.

Robertson, Campanella e Wightman (1983) apresentam um gráfico com a relação $(q_c/p_a)/N_{60}$ e o diâmetro médio da partícula do solo (D_{50}) (Fig. 3.11). N_{60} é o valor do N_{spt} para a eficiência de 60% e p_a, a pressão atmosférica, que deve ser

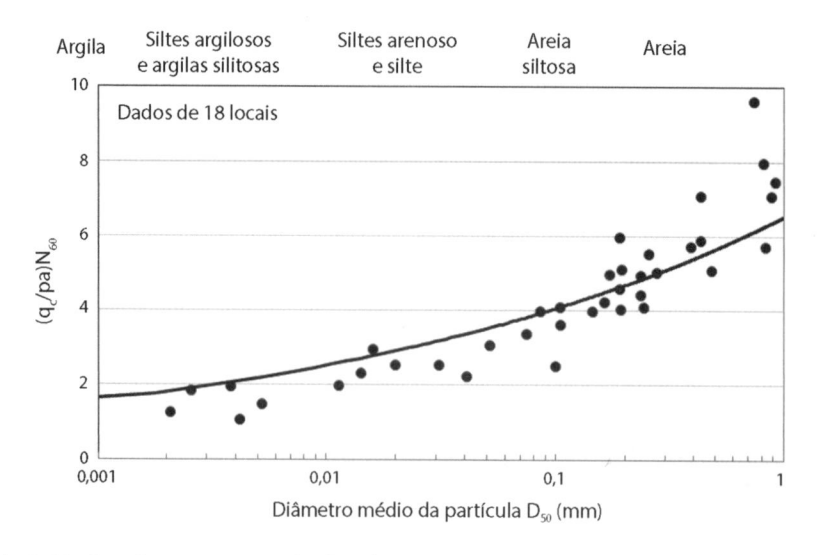

Fig. 3.11 *Correlação entre resultados de CPT e SPT e o diâmetro médio das partículas*
Fonte: Robertson, Campanella e Wightman (1983).

utilizada na mesma unidade da resistência de ponta (q_c), a fim de adimensionalizá-la. É possível observar, nessa figura, que essa relação aumenta à medida que o solo fica mais grosso.

Aoki e Velloso (1975) também apresentam, em seu método para a previsão da capacidade de carga do sistema estaca-solo, uma proposta para essa relação, o índice K, que também varia com o tipo de solo.

Da mesma forma que encontramos, atualmente, diversos dispositivos que oferecem mais de uma função, como, por exemplo, os *smartphones*, os ensaios de piezocone também evoluíram, incorporando acessórios e outros ensaios de campo para medidas de parâmetros específicos de projeto. A seguir há uma breve descrição de alguns deles: os amostradores especiais, os piezocones sísmico (SCPTU) e de resistividade (RCPTU) e o pressiômetro.

Uma das críticas aos ensaios CPT e CPTU é a de que eles não fornecem amostras para a identificação do perfil, o que só era feito indiretamente por meio de cartas de classificação ou da realização paralela de sondagens a trado ou SPT. Hoje é possível contar com amostradores de solo (Fig. 3.12), de água e de gás, que são cravados no terreno com a utilização dos próprios equipamentos de cravação de piezocones. Nessa nova abordagem de investigação, a amostragem de solo não precisa ser contínua ou a intervalos predeterminados, como no SPT. Agora ela pode ser orientada pela identificação dos diferentes horizontes, com base nos resultados dos ensaios de piezocone, seguindo a orientação das cartas de classificação.

O piezocone com um sensor para a aquisição de ondas sísmicas (geofone ou ace-

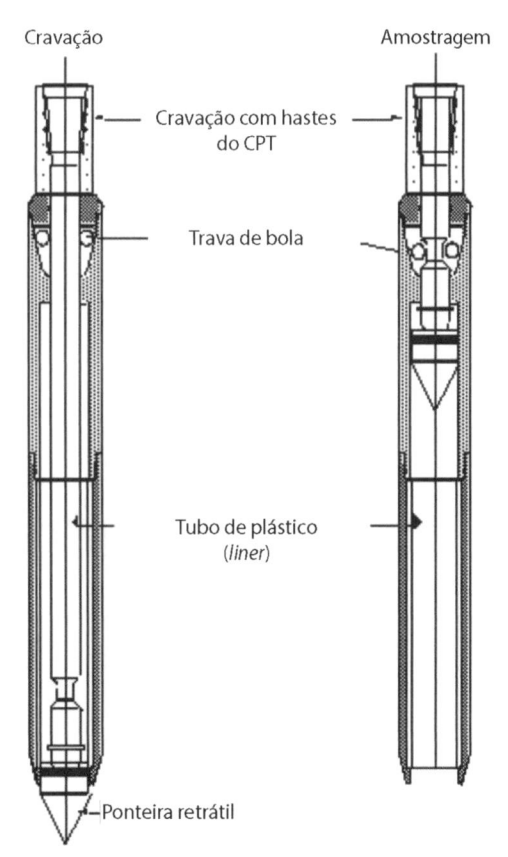

Fig. 3.12 *Amostrador de solo, um acessório de ensaios CPT e CPTU*

lerômetro) é conhecido como ensaio SCPTU. Nele, é empregada a técnica sísmica *down-hole* para que se determine a velocidade de propagação da onda cisalhante (V_S) e, assim, ser possível calcular o módulo de cisalhamento máximo (G_O) a cada parada de penetração. Ela é representada esquematicamente na Fig. 3.13, na qual também estão transcritas as fórmulas para o cálculo de V_S e G_O. Essa técnica combinada de investigação é interessante, pois a cravação do cone proporciona um contato mecânico bastante eficiente entre o solo e o sensor sísmico, permitindo uma excelente recepção do sinal sísmico.

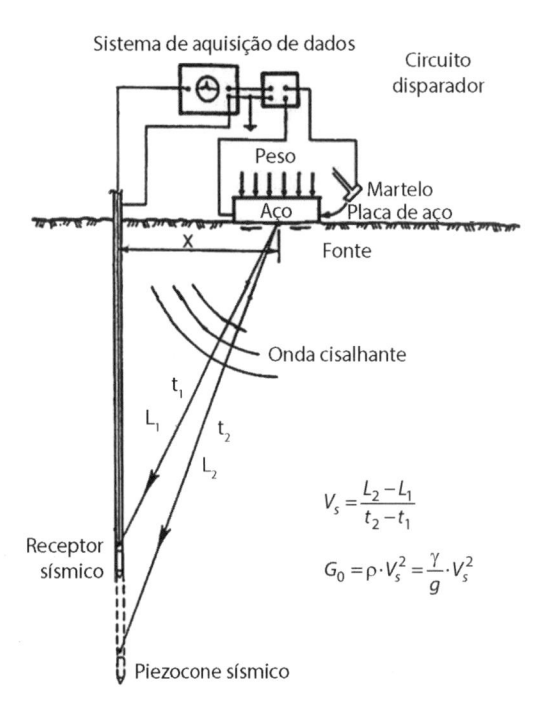

$$V_s = \frac{L_2 - L_1}{t_2 - t_1}$$

$$G_0 = \rho \cdot V_s^2 = \frac{\gamma}{g} \cdot V_s^2$$

Fig. 3.13 *Ensaio SCPTU*

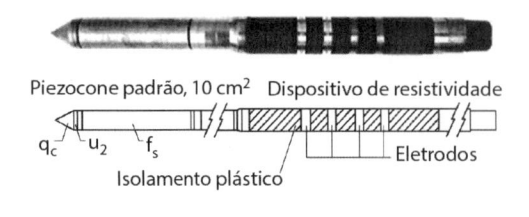

Fig. 3.14 *Piezocone de resistividade (RCPTU)*

O piezocone de resistividade (RCPTU) possui um dispositivo acoplado atrás do piezocone padrão (Fig. 3.14) que permite a medição contínua da resistência elétrica a um fluxo de corrente aplicado ao solo. Com base na medida da resistência que o solo oferece à passagem dessa corrente, é possível detectar a presença ou estimar a concentração de certas substâncias no lençol freático. Desse modo, esse ensaio tem forte apelo para a investigação de áreas contaminadas.

O cone-pressiômetro combina, num único ensaio, o piezocone e um pressiômetro, terreno. A sonda do pressiômetro possui o mesmo diâmetro de um piezocone de 15 cm² de área de ponta acoplado logo acima dele. Conduz-se o ensaio como normalmente é feito num CPTU, e, em profundidades definidas pelo operador em função da identificação do perfil, interrompe-se a penetração para que a sonda pressiométrica seja expandida, determinando-se, assim, a curva pressão *versus* deformação. A adequada interpretação dessa curva permite que os parâmetros de resistência e deformabilidade do solo investigado sejam derivados. A execução desse ensaio é mais simples do que um ensaio de pressiômetro autoperfurante, mas sua interpretação é mais complexa, pois a expansão da cavidade cilíndrica ocorre em um solo amolgado pela penetração.

Diversos outros acessórios vêm sendo desenvolvidos para serem utilizados em conjunto com o piezocone, como sensores de pH, de potencial de oxirredução, de fluorescência induzida por *laser*, de radioisótopos, dispositivos para medida de tensões laterais, entre outros. Uma descrição desses acessórios, bem como das variações de piezocone disponíveis, pode ser encontrada em Lunne, Robertson e Powell (1997).

Além da possibilidade de novos sensores serem incorporados a esse ensaio, vale destacar algumas vantagens do ensaio de piezocone (CPTU) em relação ao cone (CPT), tais como: uma melhor definição do perfil do subsolo; a possibilidade de se diferenciar os horizontes em que a penetração foi drenada; uma melhor estimativa dos parâmetros de projeto; a possibilidade de se avaliar a posição do nível d'água e as condições de equilíbrio da água subterrânea, bem como as características de fluxo e consolidação durante um ensaio de dissipação.

Os ensaios de piezocone podem fornecer todas as informações necessárias ao projeto de fundações em locais em que a geologia é bem conhecida e apresenta certa uniformidade e as previsões baseadas nesses ensaios foram verificadas com a observação do comportamento de estruturas. Mesmo nessas circunstâncias, Campanella e Research Students (1998) recomendam a amostragem de solo e a realização de ensaios especiais de campo e/ou laboratório, para uma melhor definição do perfil, e a verificação das correlações, para uma estimativa de parâmetros de projeto, em especial em solos com comportamento parcialmente drenado.

Para aqueles que quiserem se aprofundar no tema e tirar mais proveito desse ensaio, existe uma vasta literatura que trata da execução, do tratamento e da interpretação de resultados de ensaios de piezocone, como Schnaid e Odebrecht (2012) e Lunne, Robertson e Powell (1997).

Prova de carga estática em estaca 4

José Carlos A. Cintra e Nelson Aoki

Neste capítulo abordaremos o ensaio de compressão axial estática em estacas verticais não instrumentadas. Ao final, trataremos sucintamente da condição de estaca instrumentada e dos ensaios de tração e carregamento horizontal.

4.1 Importância do ensaio

No projeto de fundação por estacas, geralmente utilizamos métodos semiempíricos de previsão de capacidade de carga, como o de Aoki e Velloso (1975), para fazer a estimativa de comprimento das estacas. Definidos o tipo de estaca e o diâmetro ou seção transversal do fuste, podemos obter, para cada furo de sondagem, o *comprimento* (L) da estaca, ao qual estará implícito o valor de *capacidade de carga* (R) do sistema estaca-solo.

Nessas condições, L é a variável independente, e R, a variável dependente na função que representa a capacidade de carga do sistema estaca-solo. Quando o projeto adota mais de um diâmetro de estaca, no caso de uma maior variação das cargas de pilar, as variáveis L e R referem-se a um conjunto de estacas de mesmo diâmetro.

Com os diversos valores de L, um para cada furo de sondagem, precisamos tomar uma decisão de projeto para estipular o(s) comprimento(s) a ser(em) executado(s), sendo várias as opções, tais como:

o valor médio, o característico superior ou o valor máximo (para toda a obra ou por região representativa), ou os valores interpolados entre furos próximos de sondagem.

Depois, executamos o estaqueamento, digamos com n estacas, com comprimentos que não necessariamente irão coincidir com o(s) adotado(s) no projeto. Os valores de capacidade de carga no estaqueamento concluído também serão diferentes dos considerados no projeto.

Portanto, as variáveis L e R admitem dois tipos de valores: o estimado ou previsto em projeto, que denominaremos *teórico*, e o inerente ao estaqueamento executado, que consideraremos como *real*. As discrepâncias entre os valores teóricos e reais são justificadas, para ambas as variáveis, principalmente por três motivos: 1) as imperfeições dos métodos de cálculo de capacidade de carga, implicando resultados aproximados, nunca exatos; 2) a variabilidade das características de resistência e compressibilidade do maciço de solo em toda a área abrangida pelo estaqueamento; 3) a decisão do projetista na adoção do(s) comprimento(s) das estacas.

Por essas razões, se executarmos estacas com comprimentos iguais, a dispersão dos valores de capacidade de carga será maior. Por outro lado, se usarmos um critério de parada para as estacas, como a nega de cravação, por exemplo, a oscilação nos comprimentos executados é que será maior.

Assim, com a execução do estaqueamento teremos de encontrar os novos conjuntos de valores das variáveis L e R. Para obter os valores reais dos comprimentos das estacas, não há qualquer dificuldade, pois a medida do comprimento acabado de cada estaca é uma praxe de execução.

Já os valores reais de capacidade de carga geralmente permanecem incógnitos. No âmbito das estacas cravadas, podemos estimar esses valores se contarmos com o controle simultâneo de nega e repique ou com a realização de provas de carga dinâmica, como veremos no Cap. 5.

Se fossem conhecidos, os *n* valores reais de capacidade de carga do estaqueamento poderiam ser representados, por exemplo, numa curva de distribuição estatística normal, como a da Fig. 4.1, em que *R* é a variável capacidade de carga ou resistência, com valor médio R_{med}, e $f_R(R)$ é a função densidade de probabilidade de *R*. De forma análoga, a variável *S* representa a solicitação ou a carga atuante em cada estaca, com valor médio S_{med}, e $f_S(S)$ é a função densidade de probabilidade de *S*. Quando mencionamos resistência como sinônimo de capacidade de carga e carga de ruptura, está subentendido que se trata da resistência máxima mobilizável pelo sistema estaca-solo. A NBR 6122 (ABNT, 2010) adota outra definição para "carga de ruptura de uma fundação": "carga aplicada à fundação que provoca deslocamentos que comprometem sua segurança ou desempenho", e utiliza o símbolo R_{ult}.

Relembramos que o *fator de segurança global* (F_S) é definido pela relação entre os valores médios de resistência e solicitação:

$$F_S = \frac{R_{med}}{S_{med}} \quad (4.1)$$

e que a linha pontilhada da Fig. 4.1, na região de sobreposição de $f_S(S)$ com $f_R(R)$, caracteriza a curva de densidade de probabilidade de ruína (p_f), conforme Cintra e Aoki (2010).

Mas o valor médio de resistência oriundo da realidade física do estaqueamento não coincide com o valor teórico de projeto, o

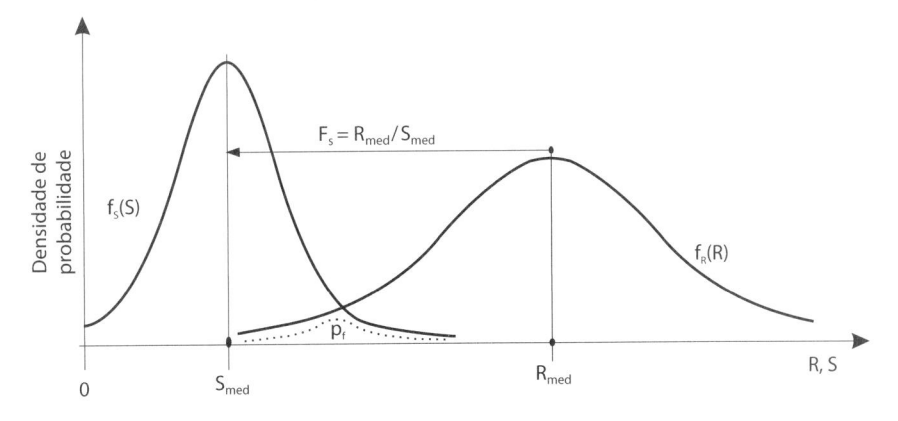

Fig. 4.1 *Distribuição normal de valores de resistência e solicitação*

Fonte: Cintra e Aoki (2010).

que inevitavelmente altera o fator de segurança, para mais ou para menos. Assim, o fator de segurança também admite aqueles dois tipos de valores: o teórico, adotado em projeto, e o real, que corresponde ao estaqueamento executado. Como o comportamento da fundação estará vinculado à realidade física, e não aos valores calculados em projeto, o fator de segurança real também precisa atender às prescrições normativas.

Ignorar os valores reais de capacidade de carga traz uma consequência grave: o desconhecimento do fator de segurança real da fundação. O ideal seria dispormos, para todos os tipos de estacas, de instrumentos de monitoração e de metodologias para avaliar a capacidade de carga durante a execução de cada estaca de uma fundação ou, pelo menos, de um número de estacas estatisticamente representativo, para, com isso, obtermos os valores reais de capacidade de carga.

Em razão da carência dessas ferramentas para uso sistemático, torna-se necessária a realização de provas (no plural, como explicaremos na seção seguinte) de carga estática. Dispensar a execução desse ensaio é presumir que os cálculos de projeto comandam o comportamento da fundação.

Outros textos, no lugar do símbolo F_S, utilizam FS e até FS_g, como a NBR 6122 (ABNT, 2010). É preferível a denominação "fator de segurança" em vez de "coeficiente de segurança", pois "fator" refere-se a grandezas dimensionalmente idênticas, enquanto "coeficiente", a grandezas diferentes.

4.2 Quantidade de ensaios

A prova de carga não deve ser única, porque num estaqueamento com n estacas temos até n valores diferentes de capacidade de carga, os quais podem ser representados numa curva de resistência (como a da Fig. 4.1), mais aberta ou fechada dependendo se o desvio padrão é, respectivamente, maior ou menor.

Então, se ensaiamos uma única estaca, não conseguimos estabelecer a curva de resistência nem determinar a resistência média, sendo esta o valor fundamental para o fator de segurança global. Para uma estaca i qualquer, com solicitação S_i e resistência R_i do respectivo sistema estaca-solo, podemos obter o *fator de segurança individual* (F_S^i):

$$F_{S^i} = \frac{R_i}{S_i} \qquad (4.2)$$

Na *abordagem estatística* que estamos apresentando, quando dizemos apenas "fator de segurança" subentende-se que se trata do fator de segurança global (F_S). Para especificar que se trata do fator de segurança individual, acrescentamos o índice i sobrescrito.

Mas, em fundações, infelizmente ainda persiste o *pensamento determinístico*, pelo qual esperamos um valor único de resistência no estaqueamento executado (consideramos aqui o adjetivo "determinístico" como empregado em probabilidade, com o significado de "não aleatório": o fenômeno é determinístico quando apresenta um só resultado, ou seja, sem variabilidade).

Assim, não há curva de valores de resistência, valor médio (R_{med}) nem valores individuais distintos (R_i). Uma única prova de carga parece ser suficiente para obter-se o valor da resistência (R) e inferir-se o fator de segurança real (global). Abstrair a existência da *dispersão* nos valores reais de resistência é tomar qualquer valor de F_S^i como F_S, ou seja, não distinguir o fator de segurança individual do fator de segurança global – tudo é F_S. Os deterministas têm dificuldade em aceitar que sempre existe o risco de a solicitação ultrapassar a resistência e, em consequência, em aceitar a importância do cálculo da probabilidade de ruína. Eles partem da premissa de que, se o valor de resistência é único (sem dispersão) e inquestionável (valor experimental, da prova de carga), o fator de segurança é suficiente para garantir a segurança absoluta. É o dogma do fator de segurança, na denominação de Aoki (2008).

A NBR 6122 (ABNT, 2010) não aborda a problemática da probabilidade de ruína nem contempla a existência do fator de segurança individual, usando apenas o fator de segurança global (às vezes com a denominação simplificada "fator de segurança"), mas aplicado ao resultado de somente uma prova de carga.

No método de valores admissíveis, essa norma divide o valor de resistência correspondente à carga de ruptura (representado por R_{ult}), que pode ser único (valor determinístico), pelo fator de segurança global para obter a carga admissível. Para ensaios realizados no início da obra, o fator de segurança global é fixado em 1,6, mas pode ser diminuído para 1,4 se houver mais de uma prova de carga e utilizarmos o valor característico de resistência (denominado $R_{c,k}$, com índice c de compressão), o qual é dado por uma expressão que considera o mínimo de dois valores: 1) a média dos resultados das várias provas de carga, reduzida por um fator tabelado; e 2) o menor dos resultados, reduzido por outro valor tabelado.

No método de valores de projeto (o dos fatores de segurança parciais), a NBR 6122 (ABNT, 2010) divide o valor de resistência R_{ult} pelo fator de minoração (γ_m) para obter a carga resistente de projeto (R_d). Essa norma indica que o fator de segurança parcial para a carga resistente de projeto é 1,14, mas que, se empregada a expressão de resistência característica ($R_{c,k}$) com os fatores de redução tabelados, *não deve ser aplicado fator de minoração da carga*.

Precisamos atentar que, para a NBR 6122 (ABNT, 2010), a *resistência característica* não tem o conceito estatístico de quantil inferior empregado em engenharia de estruturas (de 5%, para valores de resistência). O seu conceito *sui generis* de resistência característica, que parece ter sido obtido no Eurocode 7 (CEN, 2004), mas com a troca da tabela dos fatores de redução por valores diminuídos significativamente, é apresentado apenas indiretamente quando da definição dos valores característicos de parâmetros geomecânicos como aqueles **determinados a favor da segurança**. Como é uma forma de levar em conta a variabilidade dos resultados, essa resistência característica da NBR 6122 (ABNT, 2010) pode ser considerada um valor representativo de resistência, de acordo com a terminologia da NBR 8681 (ABNT, 2003), como o são o valor médio e o valor característico inferior do quantil de 5%.

A realização de várias provas de carga, em uma quantidade estatisticamente representativa, possibilita a determinação do valor médio de resistência, necessário para o cálculo (não determinístico) do fator de segurança global real, e da curva de resistência, que permite a análise de confiabilidade da fundação, com a estimativa da probabilidade de ruína, conforme Cintra e Aoki (2010).

Conjeturamos que, na maioria dos casos, o fator de segurança global tradicional 2 possivelmente implica uma probabilidade de ruína aceitável. Há casos, todavia, em que o risco associado pode ser inadmissível.

O fator de segurança global reflete o *afastamento relativo* entre as curvas de resistência e solicitação, conforme esquematizado na Fig. 4.1. Quanto maior o fator de segurança, maior o afastamento entre as curvas, e vice-versa (para $F_S \geq 1$, obviamente). De outro modo, fixado o valor de F_S e, em consequência, o afastamento entre as curvas de resistência e solicitação, quanto mais significativas forem as variabilidades (curvas mais abertas), maior será a área de interseção dessas curvas e, portanto, maior a probabilidade de ruína. Se esse risco for inaceitável, teremos de aumentar o fator de segurança global para obtermos um maior afastamento entre as curvas e, com isso, um risco menor.

Assim, um fator de segurança global $F_S = 2$, aplicado em resultados de prova de carga estática, pode não ser suficiente. Por isso, julgamos temerária a prescrição da NBR 6122 (ABNT, 2010) de utilizar o *fator de segurança* 1,6 no caso de prova(s) de carga especificada(s) na fase de projeto e executada(s) no início da obra.

A redução do fator de segurança implica uma maior proximidade entre as curvas de resistência e solicitação e, portanto, uma maior probabilidade de ruína, o que pode ser demonstrado graficamente com base na Fig. 4.1. Por isso, recomendamos não utilizar um fator de segurança global inferior a 2, mesmo nas provas de carga realizadas na fase de projeto ou de início do estaqueamento, a menos que a análise de confiabilidade demonstre que a probabilidade de ruína associada seja aceitável.

O fator de segurança poderia ser diminuído mediante a adoção, em todas as estacas, de algum procedimento executivo que propiciasse uma redução importante na variabilidade dos valores reais de resistência, resultando em uma curva mais fechada (valores mais próximos em torno do valor médio). A comprovação viria do cálculo da probabilidade de ruína que atendesse um risco considerado admissível.

Um caso ilustrativo disso é a utilização insólita de estacas mega em fundações convencionais de edifícios (não como reforço), em que se procede à prensagem das estacas em etapas, usando como reação o peso próprio da parte já edificada. O comprimento final de cada estaca é atingido para uma carga de prensagem igual a 1,5 a carga admissível, o que garante o fator de segurança individual de 1,5 em toda a fundação, com variabilidade praticamente nula.

Aquela redução de norma do fator de segurança global de 2 para 1,6, realizada com base em uma única prova de carga, pode embutir um agravante se a estaca ensaiada apresentar um resultado superior ao médio do estaqueamento. Consideremos, por exemplo, uma prova de carga realizada no início do estaqueamento que indique uma capacidade de carga de 1.600 kN, num caso em que a realização de um número maior de provas de carga levaria a um valor médio de resistência de 1.300 kN. Pela norma, poderíamos utilizar uma carga admissível de 1.000 kN, o que implicaria um fator de segurança global real inaceitável de 1,3. É o equívoco de aplicar o fator de segurança global a *um* resultado de prova de carga, o que é pertinente à *abordagem determinística*, e não ao valor médio de vários ensaios.

A NBR 6122 (ABNT, 2010), ao tratar do caso em que uma prova de carga apresente "resultado insatisfatório", recomenda que "se deve elaborar um programa de provas de carga adicionais". Mas faltou uma prescrição idêntica para o caso de "resultado satisfatório" de uma prova de carga. O melhor mesmo teria sido mencionar que ensaiar uma única estaca não permite inferir o comportamento do estaqueamento. Daí a necessidade de um conjunto representativo de ensaios, ou de ensaiar um número adequado de estacas e usar uma abordagem estatística, como prescreve a norma britânica BS 8004 (BSI, 1986).

Ademais, considerar que *uma* prova de carga dê *resultado satisfatório* ($F_S \geqslant 2$) ou *insatisfatório* ($F_S < 2$) faz parte da concepção determinística, pela qual um único valor encontrado representa o conjunto. Em vez de se exigir a condição $F_S \geqslant 2$ em cada resultado de prova de carga, o que importa é garantir um fator de segurança mínimo 2 ao *valor médio*, para que o comportamento do estaqueamento como um todo seja satisfatório, a menos da análise de confiabilidade. Individualmente, é suficiente um fator de segurança superior a 1, desde que, em média, ele não seja inferior a 2.

Vejamos o exemplo numérico de uma fundação com valores reais de capacidade de carga variando entre 500 kN e 1.000 kN e valor médio de 700 kN. Se a carga admissível for de 350 kN, teremos fatores de segurança individuais variando entre 1,4 e 2,9 e um fator de segurança global igual a 2. Não haverá necessidade de reforço da fundação, a menos da análise de confiabilidade, mesmo com fatores de segurança individuais inferiores a 2.

A NBR 6122 (ABNT, 2010) trata da *quantidade* de provas de carga estática sem abordar a questão da representatividade estatística. Torna obrigatória a execução do ensaio em pelo menos 1% *das estacas*, qualquer que seja o número delas, com arredondamento sempre para cima. Como exceção, estaqueamentos e obras em certas condições e com até 50 ou 100 estacas, dependendo do tipo de estaca, ficam isentos da obrigatoriedade. Para obras com mais de 500 estacas, a quantidade pode ser inferior a 1% em determinadas condições. Além disso, dá critérios de substituição de ensaios estáticos por dinâmicos, na proporção de um para cinco.

Essa obrigatoriedade de ensaio em 1% das estacas foi instituída na edição de 2010 da NBR 6122, acompanhada da exigência controversa de que as provas de carga sejam realizadas *sempre no início da obra* (seção 9.2.2.1), com a indicação redundante de que nesse 1% estão inclusas as provas de carga executadas conforme uma seção anterior (a 6.2.1.2.2), a qual se refere a provas de carga realizadas na fase de elaboração ou adequação do projeto. A alínea *b* dessa seção revela o significado da expressão "início da obra" como "início do estaqueamento": "a(s) prova(s) de carga seja(m) especificada(s) na fase de projeto e executada(s) no início da obra, de modo que o projeto possa ser adequado para as demais estacas" (ABNT, 2010). Já as provas de carga para avaliação de desempenho não estariam inclusas naquele 1% nem seriam obrigatórias. Essas disposições normativas são questionáveis, pois as primeiras estacas podem ter uma representatividade ainda menor do estaqueamento, até por serem executadas com a informação prévia de que serão ensaiadas. Reduzir o fator de segurança global e desobrigar a avaliação de desempenho podem constituir um duplo problema.

4.3 Montagem e execução do ensaio

A prova de carga estática em estaca, regida pela NBR 12131 (ABNT, 2006), consiste na aplicação de cargas conhecidas no topo da estaca, em incrementos sucessivos e iguais (os chamados estágios de carga), com a simultânea monitoração dos respectivos recalques da cabeça da estaca (deslocamentos verticais para baixo, que compreendem o encurtamento elástico do fuste e o recalque da ponta da estaca), até que seja atingida a ruptura ou a carga máxima programada, seguida do descarregamento. No caso de um recalque considerado elevado ocorrer antes da carga máxima pretendida, o carregamento pode ser interrompido, com posterior descarga.

A aplicação progressiva da carga no topo da estaca acarreta a *mobilização da resistência*, o suficiente para promover o equilíbrio. Essa resistência é composta de duas parcelas: a resistência de atrito lateral e a de ponta. Atingir a ruptura seria alcançar a máxima resistência mobilizável (de atrito e de ponta), com recalques incessantes. Portanto, em cada estágio quantificamos o valor da resistência mobilizada pelo sistema estaca-solo, que, pelo princípio de ação e reação, é igual à carga aplicada.

Para efetuar o carregamento, usamos um macaco hidráulico que atua contra um sistema de reação, o qual é construído em torno da estaca a ser ensaiada e dimensionado para atender à carga máxima pretendida no ensaio. Esse sistema pode ser de três tipos: cargueira, estacas de reação e tirantes.

Na *cargueira*, tem-se um caixão preenchido com algum material de obra constituindo um peso morto, como é o caso do caixão de areia retratado na Fig. 4.2. Trata-se do sistema de reação pioneiro, hoje praticamente em desuso, a não ser em alguns casos de ensaios com cargas menos elevadas.

Fig. 4.2 *Cargueira como sistema de reação*
Foto: J. B. Nogueira.

As *estacas de reação*, geralmente verticais e sempre integralmente armadas a tração, são instaladas ao redor da estaca de ensaio e fixadas em uma viga metálica para formar o sistema de reação, conforme esquematizado na Fig. 4.3. Essa fixação geralmente é feita por meio de barras de aço do tipo Dywidag devidamente ancoradas nas estacas de reação.

No terceiro tipo, o sistema é semelhante ao anterior, com substituição das estacas de reação por *tirantes*, geralmente inclinados, presos em uma carapaça e ancorados no maciço de solo ou rocha. Esse sistema de tirantes e carapaça possibilita ensaios com cargas mais elevadas (superiores a 5.000 kN), especialmente se houver ancoragem em rocha.

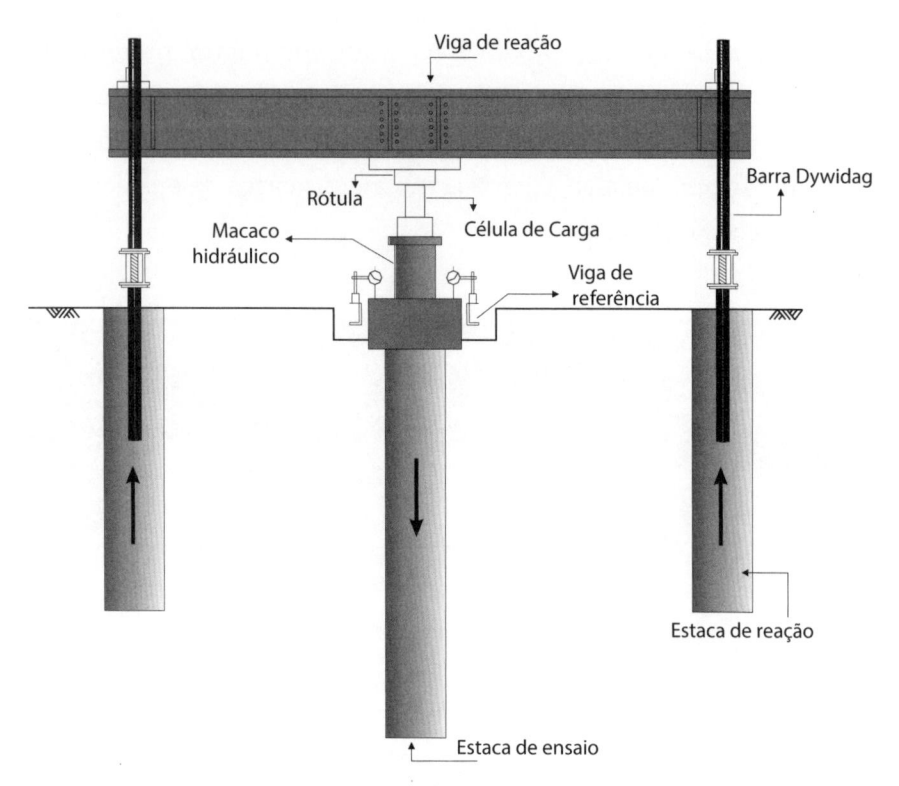

Fig. 4.3 *Viga metálica e estacas de reação (sem escala)*

A proximidade das estacas de reação em relação à estaca de ensaio pode afetar o resultado da prova de carga. Por isso, a NBR 12131 (ABNT, 2006) exige uma *distância mínima* de três vezes o diâmetro da estaca de ensaio entre a estaca de ensaio e cada estaca de reação. A medida é feita de eixo a eixo e não deve ser inferior a 1,5 m, com majoração de 20% em alguns casos especificados. Prescrição semelhante para a distância mínima é feita com relação aos bulbos dos tirantes e os apoios da cargueira. Para estacas de reação, a norma americana D1143/D1143M (ASTM, 2007) apregoa quase o dobro da distância mínima da norma brasileira.

Nos sistemas de reação do tipo esquematizado na Fig. 4.3, podemos ter uma única viga presa em duas estacas de reação, o que proporciona um ensaio mais econômico, mas com a desvantagem de ser menos estável, restringindo o seu uso a cargas mais baixas e bem cuidadosamente. O ideal é a utilização de duas vigas em forma de cruz ou de três vigas em forma de H, ambas as configurações com quatro estacas de reação.

As estacas de reação, quando não fazem parte do estaqueamento, contribuem para onerar o custo do ensaio. Estacas metálicas helicoidais, parafusadas no terreno pela aplicação de torque, podem ser retiradas sem dificuldade, constituindo uma opção como estacas de reação reaproveitáveis. Um caso particular de prova de carga estática não convencional, aceito pela NBR 6122 (ABNT, 2010), é o sistema de célula expansiva hidrodinâmica, patenteado pelo engenheiro brasileiro Pedro Elísio da Silva, que utiliza o próprio elemento de fundação como reação. Utilizado na verificação de desempenho da fundação, esse tipo de ensaio já atingiu cargas na casa da dezena de milhar de kN.

O sistema de reação e os dispositivos de aplicação de carga e medida devem ser abrigados por uma espécie de tenda, para que sejam protegidos de vento, chuva e sol, principalmente para minimizar os *efeitos da variação da temperatura*, como prescreve a NBR 12131 (ABNT, 2006).

O macaco hidráulico pode ser acionado por bomba manual, que exige esforço físico acentuado nos estágios finais, ou por bomba elétrica, que é muito prática. A monitoração da carga aplicada em cada estágio geralmente é feita por um manômetro devidamente aferido e instalado no sistema de alimentação do macaco hidráulico, mas deveria ser realizada por uma célula de carga, que confere maior exatidão aos valores medidos. Essa célula de carga é instrumentada por *strain gages*, os extensômetros elétricos de resistência, cujas leituras de deformação específica são feitas por um equipamento chamado indicador de deformações, com a correspondente equivalência em valores de carga dada pela curva de calibração.

Os erros inerentes ao sistema de medida por manômetro, mesmo que ele esteja calibrado, podem ser consideráveis e comprometer a segurança, como os apresentados por Fellenius (1980), de até +25% em relação à célula de carga. Por essa razão, Fellenius (1984) demonstra inconformismo e sarcasmo com a não utilização de células de carga. A NBR 12131 (ABNT, 2006), que exige defletômetros com leituras de centésimos de milímetros nas medidas de recalque, aceita indistintamente células de carga e manômetros para leituras de carga.

Junto ao topo da estaca de ensaio devemos preparar um bloco de coroamento, sobre o qual posicionamos o macaco hidráulico, a célula de carga, se for o caso, e, finalmente, para combater eventuais excentricidades no carregamento, uma rótula de aço, cujo topo encontra a base do caixão de reação ou da viga metálica, dependendo do sistema de reação.

O acionamento da bomba faz o êmbolo do macaco hidráulico se mover, aplicando a carga desejada. A viga de reação responde com uma carga de mesma intensidade e de sentido contrário, comprimindo a estaca e provocando o recalque de seu topo. Por sua vez, o recalque acarreta um alívio na carga, o que exige sua reposição para atender ao princípio de carga mantida durante o estágio.

Em cada estágio, em tempos predeterminados, são procedidas leituras de deslocamento por meio de quatro *defletômetros* mecânicos instalados no bloco de coroamento, em dois eixos ortogonais, e fixados em vigas de referência por bases magnéticas articuláveis. Geralmente, utilizamos duas vigas, uma para cada dois defletômetros, com características normatizadas para não interferir nas leituras. A média aritmética dessas leituras indica o recalque da estaca para aquele tempo de estágio. Como o bloco de coroamento pode recalcar desigualmente, adernando ligeiramente, necessitamos de no mínimo três leituras para calcular o valor médio. No entanto, quatro defletômetros são instalados, contando com a possibilidade de um deles travar durante o ensaio, o que não é raro ocorrer.

Esse procedimento de monitoração dos recalques, que depende da leitura direta no visor dos defletômetros e de sua anotação em papel, pode ser substituído vantajosamente por um sistema de aquisição automática de dados com LVDTs (*linear variable differential transformers*), sensores para a medida de deslocamento linear.

No caso específico de uma prova de carga para investigar o efeito da colapsibilidade do solo na capacidade de carga, em torno da cabeça da estaca é aberta uma cava, mantida com água para a inundação do solo, conforme a descrição de Cintra e Aoki (2009).

A seguir, detalharemos a execução da prova de carga lenta, a mais tradicional. Depois, voltaremos com os outros três tipos de carregamento previstos na norma de prova de carga estática (rápido, misto e cíclico), além do método do equilíbrio. Qualquer um desses ensaios deve aguardar um prazo mínimo após a instalação da estaca de ensaio, estipulado pela NBR 12131 (ABNT, 2006), para ser iniciado. Para estacas cravadas em argilas saturadas, esse prazo contempla o reequilíbrio do estado de tensões efetivas (dissipação de pressões neutras) e/ou a recuperação de resistência. No caso das estacas moldadas *in loco*, inclusive as de reação, prevalece o prazo para o concreto atingir a resistência característica especificada.

4.4 Prova de carga lenta

No *ensaio lento*, que representaremos pela sigla CML (carga mantida lenta), devemos programar estágios de carga com incrementos sucessivos e iguais a 20% da carga admissível de projeto. A carga máxima pretendida no ensaio é definida pela NBR 6122 (ABNT, 2010) como sendo duas vezes a carga admissível prevista em projeto (2 P_a), no caso de ensaios executados no início da obra, totalizando *dez estágios* ou 1,6 vez a carga admissível para ensaios realizados exclusivamente para avaliação de desempenho. Comentaremos essa segunda opção na seção 4.6.5. No caso particular de uma carga admissível superior a 3.000 kN, a NBR 6122 (ABNT, 2010), para diminuir a carga máxima pretendida no ensaio, permite *executar duas provas de carga sobre estacas de mesmo tipo, porém de menor diâmetro*, o que acarreta uma dificuldade adicional na interpretação do resultado.

Ao aplicar-se a carga prevista no estágio, os recalques começam a ocorrer, provocando um alívio de carga, o que exige a sua reposição sistemática. Assim, em todos os estágios a carga é mantida até atingir a *estabilização dos recalques*, respeitada a duração mínima de 30 minutos. Em cada estágio, são previstas leituras de recalque no início ($t = 0$), em tempos dobrados até uma hora ($t = 2, 4, 8, 15, 30$ e 60 min) e, depois, de hora em hora ($t = 2$ h, 3 h, 4 h etc.).

Como critério de estabilização de recalques, a NBR 12131 (ABNT, 2006) prescreve que a diferença entre duas *leituras consecutivas* não deve ser superior a 5% do recalque do estágio. Nas versões anteriores dessa norma, o critério de estabilização mencionava duas leituras em *tempos dobrados*, o que diverge do critério atual nos estágios que se prolongam por mais de 2 horas. Na revisão de 2006, houve, portanto, a intenção de abreviar bastante a duração de estágios muito longos. Alonso (1997) apresenta uma tabela de leituras de recalque de um estágio de uma prova de carga em que o recalque total do estágio permaneceu constante e igual a 3,23 mm a partir de 17 horas de duração, mas o critério antigo de estabilização, o de tempos dobrados, exigiu leituras (iguais) por mais 12 horas – uma insensatez. Por outro lado, o critério atual daria estabilização na leitura de oito horas, com um recalque de 2,45 mm, indicando um encerramento precoce do estágio em termos de ensaio lento.

No último estágio da fase de carregamento, devemos manter a carga por mais 12 horas após a estabilização do recalque para, em seguida, proceder ao descarregamento em quatro estágios, com recalques estabilizados e duração mínima de 15 minutos. Ao final do descarregamento, o recalque estabilizado indica o deslocamento permanente sofrido pela estaca.

Como produto principal do ensaio, obtemos uma curva carga × recalque, $P \times \rho$, em que P é a carga aplicada no topo da estaca, representada no eixo das abscissas, e ρ é o recalque do topo da estaca, representado no eixo das ordenadas voltado para baixo, na tradição de fundações. Essa curva passa pelos pontos referentes ao final de cada estágio (recalques estabilizados), como esboçado na Fig. 4.4, na qual inserimos também os pontos iniciais dos estágios. Os degraus ou segmentos quase horizontais representam a trajetória de carga entre os estágios, enquanto os segmentos verticais indicam o recalque durante o período de carga mantida nos estágios de carregamento e a parcela de recalque recuperado nos estágios de descarga. Nas próximas figuras, exibiremos unicamente a curva carga × recalque passando pelos pontos finais dos estágios.

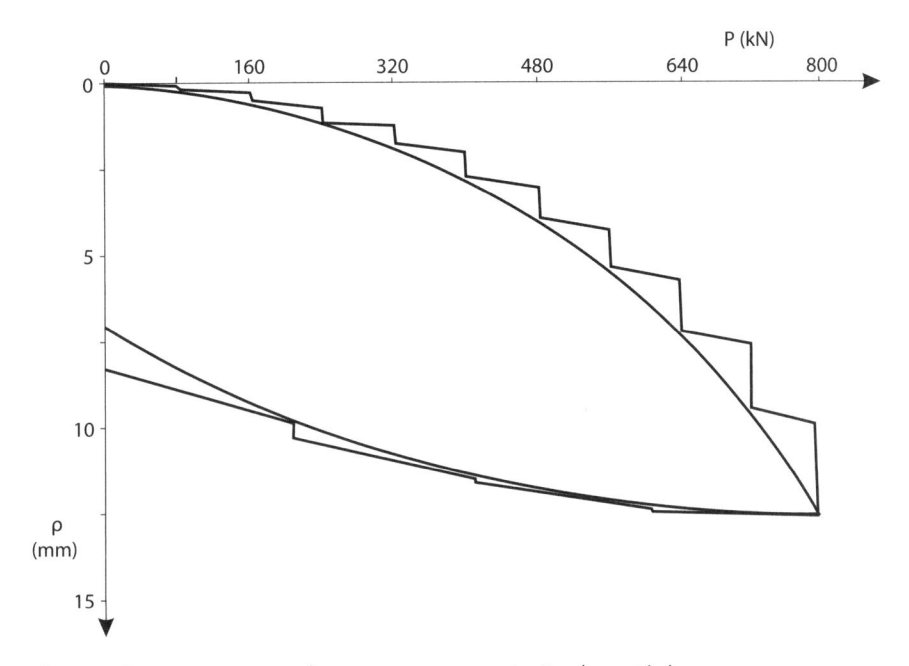

Fig. 4.4 *Curva carga × recalque com a representação dos estágios*

Essa curva, que denominamos do tipo *aberta*, retrata a condição mais comum, em que, se fosse possível continuar o carregamento além da carga máxima programada (o sistema de reação não é dimensionado para isso), maior resistência seria mobilizada, à custa de mais recalques. Com esse tipo de curva, consideramos que a prova de carga *não atinge a ruptura* e que a definição do valor da capacidade de carga (*R*) é passível de interpretação, como veremos na seção 4.6.

4.5 Modos de ruptura

Abordaremos os três possíveis modos de ruptura geotécnica em provas de carga estática em estacas, considerando que as estacas sejam suficientemente resistentes, sem dano estrutural ou estrangulamento do fuste (Cintra e Albiero (2009) relatam o caso de uma obra em que foram realizadas provas de carga em três estacas, uma delas com um grave dano estrutural).

Às vezes, podemos obter um tipo de curva carga × recalque em que, antes do 10º estágio de carregamento, ocorre a sua verticalização, pois os recalques são incessantes, impossibilitando a continuidade do carregamento (*deformações continuadas sem novos acréscimos de carga*, segundo a NBR 6122 (ABNT, 2010)). Assim, esgota-se a capacidade de mobilizar resistência ou atinge-se a resistência máxima do sistema estaca-solo, o que caracteriza a condição em que a prova de carga *atinge a ruptura*. A carga correspondente ao trecho vertical define o valor da capacidade de carga (*R*) sem qualquer ambiguidade, conforme representado na Fig. 4.5. É a chamada *ruptura nítida*, em que não se necessita de interpretação para o valor de *R* ser determinado.

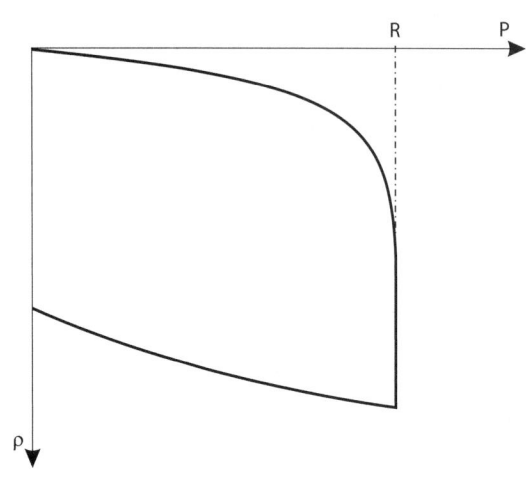

Fig. 4.5 *Ruptura nítida*

Voltando à curva do tipo aberta, pode ocorrer uma condição peculiar em que os pontos obtidos na fase de carregamento constituem parte de um gráfico assintótico a uma reta vertical, como exemplificado na Fig. 4.6 (que inclui o trecho extrapolado para melhor compreensão). É a denominada *ruptura física*, em que o valor da capacidade de carga (*R*) é definido pela assíntota vertical. Próximo à ruptura os recalques são muito elevados, tendendo ao infinito:

$$\text{se } \rho \to \infty, \text{ então } P \to R$$

Portanto, na ruptura física o valor de *R* é inatingível no ensaio. Mesmo com *R* inferior ao limite de reação ($R < 2\,P_a$), é impossível chegar ao valor de *R* (bem como à carga máxima programada), devendo o descarregamento ser efetuado em razão dos recalques elevados. Não vemos nenhum senão em lidar com a irrealidade de um recalque infinito, pois se trata de uma forma de modelar casos reais de ruptura

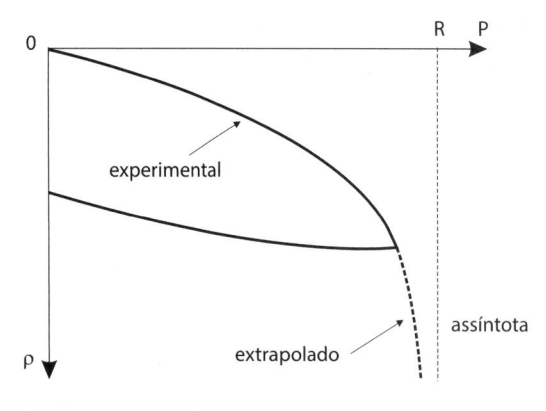

Fig. 4.6 *Ruptura física*

inatingível em provas de carga, ainda que aumentássemos o limite de reação.

Nem todas as curvas carga × recalque do tipo aberta correspondem ao modelo de ruptura física, como é o caso, por exemplo, da Fig. 4.7:

nos últimos estágios de carregamento, a curva se transforma em um segmento linear não vertical. A carga aplicada poderia aumentar continuamente, com recalques crescentes, mas sem qualquer indício de ruptura (nem física nem nítida) ou de um limite para a mobilização de resistência do sistema estaca-solo (com exceção da resistência estrutural da estaca, obviamente).

Nesses casos de indefinição da ruptura, costumamos adotar arbitrariamente um ponto da curva de carregamento, para que a carga correspondente seja convencionada como a carga de ruptura ou a capacidade de carga. Daí a denominação de *ruptura convencional*. Para fundações diretas, Terzaghi (1943), tratando desse tipo de curva, considera justamente o ponto de início do segmento retilíneo como o definidor da ruptura convencional. Na próxima seção, veremos critérios de ruptura convencional aplicáveis a provas de carga em estacas. A NBR 6122 (ABNT, 2010) não contempla o modo de ruptura física, passando diretamente da nítida para a convencional. Em fundações diretas, há três modos de ruptura: geral, local e de puncionamento, como estabelecido por Vesic (1975).

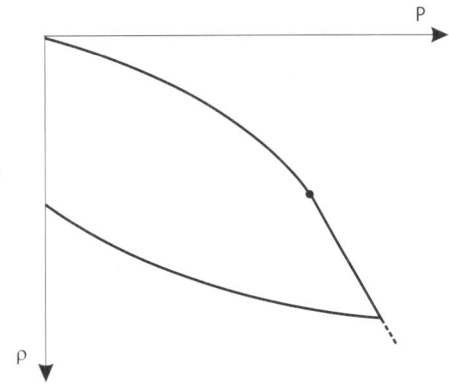

Fig. 4.7 *Exemplo de uma curva carga × recalque sem ruptura nítida nem física*

Enquanto as rupturas nítida e física representam limites intransponíveis de carga, em consonância com o conceito físico de ruptura do sistema estaca-solo (máxima resistência mobilizável), o modo de ruptura convencional admite a existência de valores de carga (ou de resistência) além da carga de ruptura ou capacidade de carga.

Nos modos de ruptura geotécnica em provas de carga, a palavra *ruptura* tem um significado semântico especial, sem qualquer relação com destruição, quebra, ruína ou inutilização. Reensaios na mesma estaca comprovam que a capacidade de carga é no mínimo igual ao valor anterior, podendo até aumentar, mesmo que antes tenha havido ruptura ou sido atingido um recalque elevado. Assim, a ocorrência de ruptura geotécnica na prova de carga não condena uma estaca e, por isso, a prova de carga pode ser conduzida sobre estacas da obra, além da opção de ensaios em estacas adicionais à parte do estaqueamento.

4.6 Interpretação da curva carga × recalque

A grande maioria das curvas carga × recalque não exibe ruptura nítida, sendo necessário um *critério de interpretação* para definir-se o valor da capacidade de carga (R) do sistema estaca-solo, conforme esboçado na Fig. 4.8. Esse tema é um dos mais discutidos em engenharia de fundações, gerando uma profusão de critérios publicados e até uma certa celeuma.

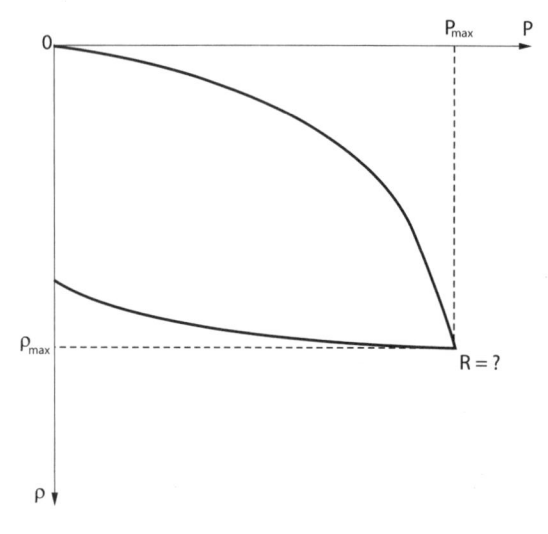

Fig. 4.8 *Curva carga × recalque sem ruptura nítida*

No planejamento de uma prova de carga, o sistema de reação geralmente é calculado para atender uma carga equivalente até ao dobro da carga admissível de projeto (2 P_a). Essa carga máxima programada ou pretendida constitui, portanto, o limite do sistema de reação.

Durante o ensaio, entretanto, pode tornar-se impossível atingir esse limite de reação, o que acarreta a interrupção do carregamento, com $P_{max} < 2\ P_a$, em que P_{max} é a carga máxima efetivamente aplicada (não a programada). Excetuando-se os casos de ruptura da própria estaca e de incidente com os dispositivos de medida, são três os exemplos típicos dessa condição:

1) ocorrência de ruptura nítida com $R < 2\ P_a$;
2) caracterização de ruptura física com $R \leqslant 2\ P_a$;
3) ocorrência de recalque elevado (antes de atingir 2 P_a) – não há definição para recalque elevado; ao referir-se ao macaco hidráulico, a NBR 12131 (ABNT, 2006) estipula que ele deve ter um curso de êmbolo igual a no mínimo 10% do diâmetro da estaca).

Nos dois últimos casos, é necessário um critério de interpretação para quantificarmos R, ao passo que no primeiro já sabemos que $R = P_{max}$.

Não havendo nenhum desses impedimentos, a prova de carga é conduzida até o limite do sistema de reação ($P_{max} = 2\,P_a$), seguindo-se então o descarregamento. São três as possíveis curvas carga × recalque da fase de carregamento, típicas dessa condição:
1) curvatura ainda não bem definida (gráfico aproximadamente linear), com recalques baixos;
2) curva que evidencia uma ruptura física, com $R > 2\,P_a$;
3) curva aberta que não caracteriza ruptura física.

Nos três casos, são necessários critérios de interpretação para definirmos o valor de R.

Os critérios precisam ser objetivos. O mero exame visual da curva carga × recalque não pode ser um método de análise, conforme o alerta de Van der Veen (1953) na Fig. 4.9, que exibe uma mesma curva carga × recalque em duas escalas bem diferentes para os recalques.

O primeiro gráfico dessa figura indicaria uma ruptura física com capacidade de carga pouco superior a 1.000 kN, enquanto no segundo a ruptura física não pareceria caracterizada, dando a impressão de que a ruptura está longe de 1.000 kN. Assim, a escala do desenho pode não só iludir quanto ao modo de ruptura como também causar confusão com relação à ordem de grandeza da capacidade de carga (quanto menor a escala do eixo dos recalques para uma mesma escala do eixo das cargas, maior parece ser a capacidade de carga).

Provavelmente por isso, a NBR 12131 (ABNT, 2006) preconiza a adoção de uma escala para a curva carga × recalque tal que a reta ligando a origem ao ponto correspondente à carga admissível de projeto faça um ângulo de 15° a 25° com a horizontal. Mas uma escala recomendada não é a solução; o importante é o critério de ruptura não ser subjetivo.

Vejamos, a seguir, os principais critérios, agrupados em duas classes: 1) ruptura física e 2) ruptura convencional. Como esses critérios são aplicados à fase de carregamento da prova de carga, deixaremos de apresentar a parte da curva referente ao descarregamento

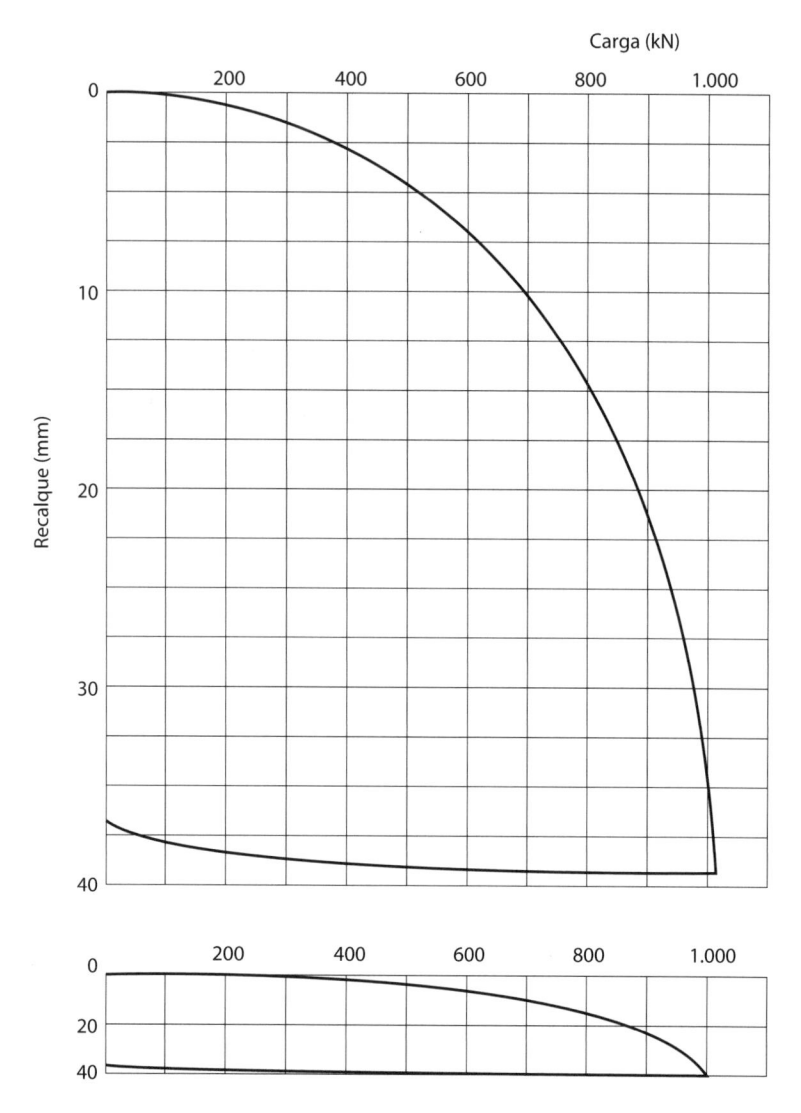

Fig. 4.9 *Curva carga × recalque com escalas diferentes*
Fonte: Van der Veen (1953).

e citaremos a curva carga × recalque com referência apenas ao carregamento.

4.6.1 Critérios de ruptura física

Já apresentamos o conceito de ruptura física, pelo qual a carga tende ao valor de R quando o recalque tende ao infinito (ver Fig. 4.6). Na classe dos critérios de ruptura física, mencionaremos três, começando pelo de Van der Veen (1953), que associa à curva carga × recalque $P \times \rho$ a seguinte função exponencial:

$$P = R\left(1 - e^{-a \cdot \rho}\right) \quad (4.3)$$

em que a é o coeficiente que define a *forma da curva* (em unidades de mm^{-1} quando ρ está em mm); e é a base dos logaritmos naturais; e R indica a interseção da assíntota vertical com o eixo das cargas.

Reescrevendo essa expressão, obtemos a equação de uma *reta*:

$$a \cdot \rho + \ln(1 - P/R) = 0 \quad (4.4)$$

em que a e R são duas constantes determinadas em um processo por tentativas, adotando-se valores para R e desenhando-se os respectivos gráficos de $-\ln(1 - P/R)$ contra ρ. O gráfico que mais se aproximar de uma reta indicará o valor procurado de R, bem como o valor de a, dado pelo *coeficiente angular* da reta, conforme delineado na Fig. 4.10.

Originalmente, o método de Van der Veen era empregado por meio desse procedimento gráfico e de forma manual, mas depois surgiram programas computacionais e, finalmente, planilhas Excel preparadas para essa finalidade, que utilizam o método dos mínimos quadrados para a regressão linear em cada tentativa de valor de R.

Aoki (1976) propõe uma alteração interessante no método de Van der Veen, deixando de impor que a curva ajustada passe pela origem do sistema de coordenadas. A equação é modificada para:

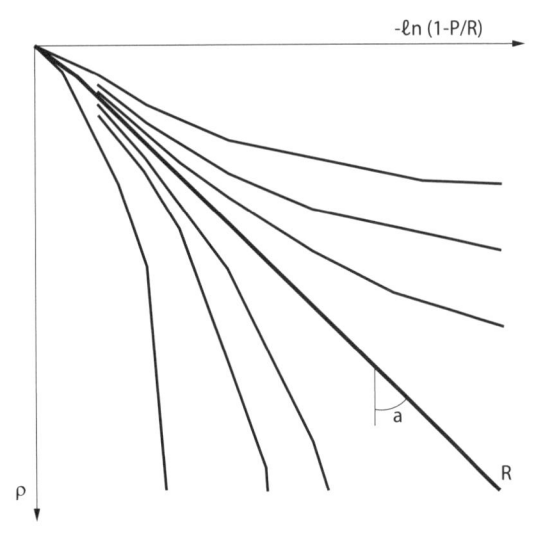

Fig. 4.10 *Solução gráfica*
Fonte: adaptado de Van der Veen (1953).

$$P = R\left(1 - e^{-(a \cdot \rho + b)}\right) \quad (4.5)$$

em que b é o intercepto, no eixo dos recalques, da reta obtida na escala semilogarítmica. Com esse artifício, podemos obter um valor de r^2 mais próximo de 1, proporcionando um melhor ajuste da curva carga × recalque com os pontos intermediários e finais do carregamento, o que é mais relevante na análise de capacidade de carga, apesar de não haver significado físico no fato de a curva carga × recalque não se iniciar na origem do sistema de coordenadas.

Outro critério de ruptura física, que teve uso razoável no Brasil, é o de Mazurkiewicz (1972 apud Fellenius, 1975), baseado na hipótese de que a curva carga × recalque é parabólica na ruptura. Ele deixou de ser utilizado por depender de construção gráfica manual e também porque Massad (1986) demonstrou sua equivalência ao de Van der Veen. Possíveis diferenças nos valores de R obtidos pelos dois métodos advinham das aproximações gráficas, pois teoricamente deveriam ser iguais. Não há, portanto, sentido nenhum em utilizar ambos os métodos, e muito menos comparar seus resultados.

Um terceiro critério de ruptura física é o de Chin (1970), que admite uma curva carga × recalque hiperbólica quando a carga se aproxima da ruptura. Essa curva é representada pela equação:

$$P = \frac{\rho}{C + m\rho} \qquad (4.6)$$

em que m e C são constantes cujas unidades são kN^{-1} e mm/kN, respectivamente, quando usamos P em kN e ρ em mm. Reescrevendo a equação da hipérbole, obtemos:

$$\rho/P = m \cdot \rho + C \qquad (4.7)$$

cujo gráfico $\rho/P \times \rho$, excetuando-se os primeiros pontos, forma uma reta de coeficiente angular m. Por fim, aplicando, na equação da hipérbole, o conceito de ruptura física (se $\rho \to \infty$, então $P \to R$), obtemos o valor da capacidade de carga:

$$R = 1/m \qquad (4.8)$$

Invertendo a relação ρ/P do critério de Chin, Décourt (1996) apresenta o conceito de rigidez P/ρ, que diminui com a evolução dos recalques, e propõe o gráfico $P \times P/\rho$, o qual retrata uma função decrescente. No modelo de ruptura física, esse gráfico torna-se linear e sua extrapolação determina o valor de R ao interceptar o eixo das cargas ($P/\rho = 0$ ou rigidez nula), pois:

$$\text{se } \rho \to \infty \, (P/\rho \to 0), \text{ então } P \to R$$

4.6.2 Critérios de ruptura convencional

Na literatura, proliferam os mais diversos critérios de ruptura convencional, que decorrem de artifícios criativos dos autores, mas que não necessariamente contemplam uma explicação racional, como veremos a seguir em dois deles.

O mais simples é o de Terzaghi (1942), adotado pela norma britânica BS 8004 (BSI, 1986), no qual a capacidade de carga é considerada arbitrariamente como a carga correspondente a um recalque de 10% do diâmetro da ponta da estaca (D_p), como indicado na Fig. 4.11.

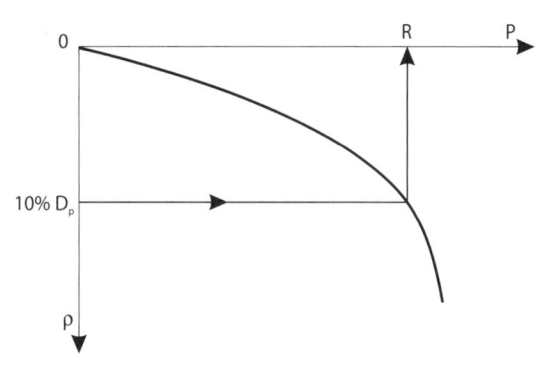

Fig. 4.11 *Critério de ruptura convencional de Terzaghi (1942)*

Como esse critério foi originalmente proposto para estacas cravadas, há sugestões sem consenso para que a porcentagem de 10% seja alterada no caso de estacas escavadas.

A NBR 6122 (ABNT, 2010) estabelece um critério de ruptura convencional para qualquer prova de carga em que não ocorrer ruptura nítida. Conforme a Fig. 4.12, a carga de ruptura pode ser convencionada como aquela correspondente à interseção da curva carga × recalque (extrapolada, se necessário) com a reta de equação:

$$\rho = \frac{D}{30} + \frac{P \cdot L}{A \cdot E} \quad (4.9)$$

em que L é o comprimento da estaca; D e A, o diâmetro e a área da seção transversal do fuste, respectivamente; e E, o módulo de elasticidade do material da estaca. A parcela $P \cdot L/A \cdot E$ representa o encurtamento elástico da estaca considerada como coluna livre, ou seja, sem atrito lateral.

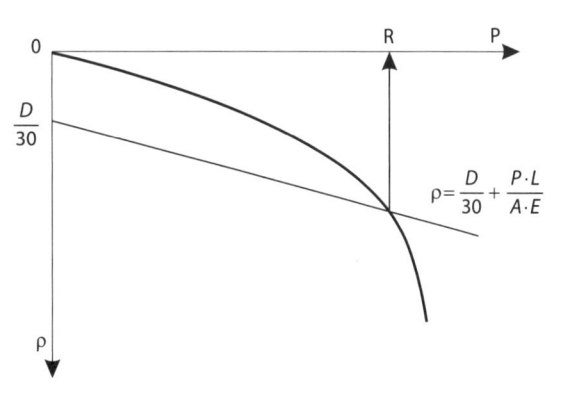

Fig. 4.12 *Critério de ruptura convencional da NBR 6122 (ABNT, 2010)*

Esse critério da NBR 6122 (ABNT, 2010) parece ter sido inspirado no método de Davisson (1972 apud Fellenius, 1975), representado por:

$$\rho = 3{,}8 \text{ mm} + \frac{D}{120} + \frac{P \cdot L}{A \cdot E} \tag{4.10}$$

A capacidade de carga R dada por um critério de ruptura convencional é sempre menor que a dada por um critério de ruptura física, pois a ruptura convencional refere-se a um recalque finito, enquanto a ruptura física está associada a um recalque infinito.

4.6.3 Exemplo de aplicação

Como exemplo de aplicação, consideremos a prova de carga da Fig. 4.4, cujos dez pontos da fase de carregamento constam da Tab. 4.1 e que foi realizada em uma estaca pré-moldada de concreto, com carga de catálogo $P_e = 400\,\text{kN}$, diâmetro $D = 0{,}22\,\text{m}$, comprimento cravado $L = 12\,\text{m}$ e módulo de elasticidade $E = 28\,\text{GPa}$.

TAB. 4.1 Pontos obtidos na prova de carga estática

P(kN)	80	160	240	320	400	480	560	640	720	800
ρ(mm)	0,2	0,6	1,2	1,9	2,7	3,8	5,2	7,0	9,2	12,4

Para empregar o método de Van der Veen na sua versão original, utilizamos a planilha Excel de Schiavon (2013), da qual obtemos os valores de $R = 870\,\text{kN}$ e $a = 0{,}19967\,\text{mm}^{-1}$, com um coeficiente de determinação $r^2 = 0{,}99679$ (o máximo valor possível desse coeficiente, com uma variação de 10 kN nas últimas tentativas para R), resultando na função:

$$P = 870\left(1 - e^{-0{,}19967\rho}\right) \tag{4.11}$$

cujo gráfico é apresentado na Fig. 4.13, com a inclusão dos pontos obtidos experimentalmente para comparação e do trecho extrapolado.

Em outra aba da mesma planilha, preparada com a modificação de Aoki, obtemos os valores $R = 900\,\text{kN}$, $a = 0{,}16724\,\text{mm}^{-1}$ e $b = 0{,}10181$, com um coeficiente de determinação $r^2 = 0{,}99843$ (com

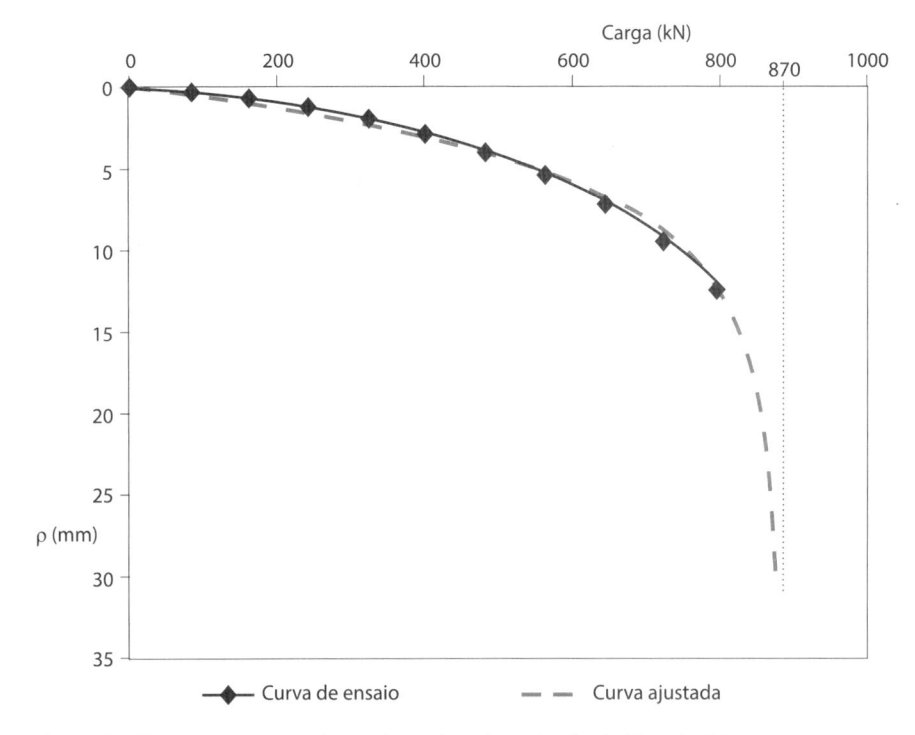

Fig. 4.13 *Curva carga × recalque ajustada pelo método de Van der Veen*

uma variação de 10 kN nas últimas tentativas para *R*), resultando na função:

$$P = 900 \left(1 - e^{-(0,16724\rho + 0,10181)}\right) \quad (4.12)$$

considerada a partir do ponto ($\rho = 0$; $P = 87$ kN), cujo gráfico é apresentado na Fig. 4.14, com a inclusão dos pontos obtidos experimentalmente e de um trecho extrapolado. Nesse exemplo, com a modificação de Aoki o valor de r^2 aumentou de 0,99679 para 0,99843; em outros casos, a melhoria do ajuste pode ser mais acentuada.

Com a ajuda de outra planilha Excel, obtemos, pelo método de Chin, os seguintes valores com a exclusão dos três pontos iniciais da prova de carga (por estarem desalinhados com a reta formada pelos demais): $R = 1.080$ kN, $m = 0,00093$ mm^{-1}, $C = 0,00423$ mm/kN e $r^2 = 0,99671$. O valor de *R* de Chin é sempre superior ao de Van der Veen, o que talvez explique sua utilização bem mais restrita no Brasil. Ambos têm a característica de constituir tanto um critério de ruptura como um meio de extrapolação matemática da curva carga × recalque.

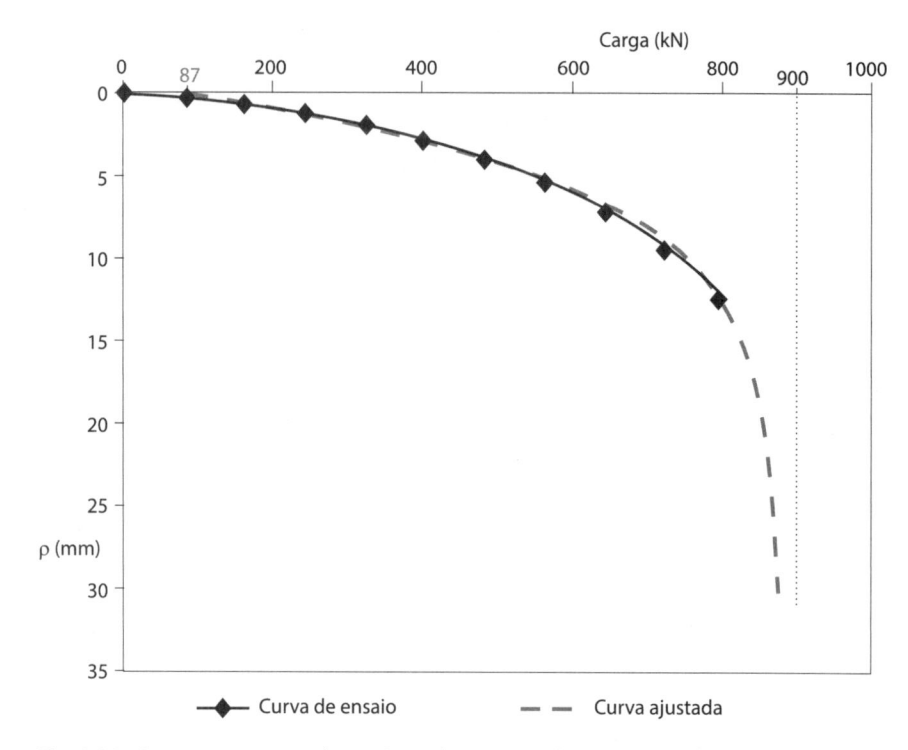

Fig. 4.14 *Curva carga × recalque ajustada por Van der Veen modificado*

Dos três resultados obtidos, escolheremos o de Van der Veen modificado, o mais utilizado no Brasil. Continuando o exemplo de aplicação, passemos aos critérios de ruptura convencional. Pelo critério de Terzaghi, com $D_p = 0{,}22$ m temos:

$$\rho = 10\%\ D_p = 22\ \text{mm}$$

o que exige a extrapolação da curva carga × recalque. Por meio da Fig. 4.16, do método de Van der Veen modificado, temos:

$$\rho = 22\ \text{mm} \rightarrow R = 860\ \text{kN (valor arredondado)}$$

Pelo método da NBR 6122 (ABNT, 2010), com $D = 0{,}22$ m ($A = 0{,}038\ \text{m}^2$), $L = 12$ m e $E = 28$ GPa, obtemos, em unidades de kN e mm, a equação da reta:

$$\rho = \frac{220}{30} + \frac{P \cdot 12.000}{38.000 \cdot 28} = 7{,}333 + 0{,}01128P \qquad \text{(4.13)}$$

cuja interseção com a curva carga × recalque extrapolada (Fig. 4.16) indica que $R = 850$ kN (arredondado). Nesse exemplo, o valor de R da NBR 6122 (ABNT, 2010) resulta menor que o do critério de Terzaghi, o que de modo nenhum constitui regra. E a diferença de resultado entre eles pode ser bem mais significativa em outros casos.

Na Tab. 4.2 apresentamos o resumo dos valores de capacidade de carga encontrados com a utilização de um critério de ruptura física, o de Van der Veen modificado por Aoki, e dois critérios de ruptura convencional, o de Terzaghi e o da ABNT. A discrepância entre os resultados é pequena, mas pode ser bem maior em outros casos.

TAB. 4.2 Resumo de valores

Critério	VV*	10%D	NBR
R (kN)	900	860	850

* Van der Veen modificado

Concluindo, adotaríamos $R = 850\,\text{kN}$, o menor valor. Outro resultado poderia ser adotado dependendo da justificativa, sem a obrigatoriedade de recair no valor da NBR 6122, uma vez que seu texto normativo afirma que o seu critério pode ser utilizado, não que deva ser empregado.

Nesse exemplo de aplicação, vimos que, para usar os critérios de ruptura convencional, pode ser necessário extrapolar a curva carga × recalque, e que os critérios de ruptura convencional podem ser utilizados em curvas de ruptura física.

4.6.4 Extrapolação da curva carga × recalque

Os critérios de ruptura física pressupõem a extrapolação da curva obtida no ensaio. Para a utilização de critérios de ruptura convencional também pode ser necessária essa extrapolação. A essência da extrapolação reside na premissa de que a forma da curva se mantém igual à do trecho medido ou experimental, ou seja, que para $P > P_{max}$, a curva continua no mesmo padrão, sem nenhuma anomalia ao que era para $P \leqslant P_{max}$, em que P_{max} é a carga máxima aplicada no ensaio.

No caso de Van der Veen, por exemplo, o que mede a "conformidade" com o trecho experimental é o coeficiente de determinação r^2. Se esse valor não for suficientemente próximo de 1, o modelo de Van der Veen não é aplicável ao trecho experimental, invalidando a extrapolação.

Quando r^2 é muito próximo de 1, temos a certeza de um bom ajuste desse modelo de curva ao trecho experimental ($P \leqslant P_{\max}$), sem a garantia, entretanto, de sua validade para $P > P_{\max}$. Por isso, recomendamos cautela com extrapolações exageradas, comparando o valor de R de Van der Veen com a carga máxima de ensaio e submetendo ao crivo da Tab. 4.3.

TAB. 4.3 Extrapolação por Van der Veen

$((R/P_{\max}) - 1) \cdot 100$	Extrapolação
$\leqslant 25\%$	Confiável
25%-50%	Aceitável
50%-75%	Tolerável
$\geqslant 75\%$	Inaceitável

Ademais, na extrapolação devemos verificar que a capacidade de carga geotécnica R não seja superior à resistência estrutural da estaca (R_e):

$$R \leqslant R_e$$

No exemplo de aplicação por Van der Veen modificado, tivemos $r^2 = 0{,}99843$, o que assegura a aplicabilidade do método ao trecho experimental, e $R = 900\,\text{kN}$, ou seja, 12,5% superior a $P_{\max}$, garantindo que a extrapolação seja confiável. Do fabricante da estaca, temos a informação de que $R_e = 1.200\,\text{kN}$, o que satisfaz a condição $R \leqslant R_e$.

Sempre que usamos Van der Veen, original ou modificado, devemos informar o valor de r^2 resultante e também apresentar a curva ajustada com a inclusão dos pontos experimentais, para comparação. A aplicabilidade desse método não é restrita a estacas de deslocamento, o caso da proposta original do autor; o que importa é que a forma da curva obtida no ensaio seja compatível com o modelo, o que é avaliado pelo coeficiente de determinação.

Para extrapolar uma curva aberta que não seja do tipo ruptura física (ou seja, em que Van der Veen não seja aplicável), podemos tentar diferentes expressões matemáticas, como uma polinomial, por exemplo, para buscar a melhor correlação possível. Essas extrapolações não quantificam o valor de R; elas têm a finalidade exclusiva de aplicar um critério de ruptura convencional. No caso particular da Fig. 4.9, para extrapolar basta prolongar o segmento linear do trecho final da curva.

A extrapolação é problemática sempre que a curva carga × recalque permanece praticamente linear até a carga máxima aplicada, com um recalque baixo. Na sequência, se houvesse, poderia ocorrer ruptura nítida, evidenciar ruptura física, gerar uma curva aberta qualquer ou ainda continuar com a curvatura indefinida. Nesse caso, o exame do sistema estaca-solo pode ser útil na elucidação do provável modo de ruptura ou valor de capacidade de carga. Caso se trate de estaca flutuante, por exemplo, deve prevalecer a ruptura nítida. Se, ao contrário, for estaca de ponta em material muito resistente, a capacidade de carga pode ser limitada pela resistência estrutural da estaca.

4.6.5 Carga máxima de ensaio

A carga máxima a ser aplicada numa prova de carga tem o limite superior imposto pelo sistema de reação. Quanto mais baixo for esse limite, menos onerosos serão os ensaios. Todavia, quanto maior esse limite (respeitada a resistência estrutural da estaca), maiores as chances de definir-se melhor a curva carga × recalque, atingindo-se recalques mais elevados e aproximando-se ou evidenciando a ruptura, o que minimiza e até dispensa a extrapolação da curva, facilitando a interpretação.

Antigamente, a norma brasileira de prova de carga estática estabelecia esse limite em 1,5 vez a carga admissível de projeto (1,5 P_a), o que se mostrou insuficiente. Godoy (1983) enfatizava a necessidade do aumento para duas vezes, para

> permitir a obtenção de um maior número de provas de carga atingindo a ruptura ou, pelo menos, permitindo estimativas mais confiáveis daquela carga. Com isso, sairíamos da atual situação em que centenas de provas de carga conduzidas nos últimos 30 anos pouco somaram ao progresso da técnica de Engenharia de Fundações.

Essa alteração para 2 P_a foi introduzida na edição de 1991 e vigora até hoje. Contudo, a NBR 6122 (ABNT, 2010) autoriza o limite de 1,6 P_a para ensaios realizados com a finalidade de avaliação de desempenho, o que configura um retrocesso.

Mesmo com o limite de 2 P_a, a grande maioria das provas de carga é descarregada sem atingir a ruptura, subentendendo-se ruptura nítida. Mas devemos evitar o uso das expressões "descarregada antes de atingir a ruptura", "insuficiência de carregamento" ou "ensaio encerrado precoce ou prematuramente", as quais podem dar a falsa ideia de que teria sido possível atingir a ruptura com uma carga maior. Pela razão exposta a seguir, preferimos dizer: "descarregada ao atingir o limite da reação".

A ruptura atingida em ensaio constitui uma minoria, quase uma exceção. Na larga maioria dos casos, a *ruptura* é *inatingível* (mesmo com cargas maiores), seja na ruptura física, que demanda um recalque teoricamente infinito na ruptura, seja no caso de curvas que, com a evolução dos recalques, mostram aumento contínuo da resistência, sem apontar um limite máximo (a resistência estrutural da estaca passa a ser o limite). É possível atingir, no ensaio, a carga correspondente à ruptura convencional, mas isso não tem o significado que estamos atribuindo para atingir a ruptura, como máxima resistência mobilizável pelo sistema estaca-solo.

4.6.6 Rupturas nítida e física

No exemplo de aplicação, tivemos um coeficiente a de Van der Veen de $0,2\,mm^{-1}$ (valor arredondado). Agora faremos uma análise paramétrica, fixando R (1.000 kN, por exemplo) e desenhando curvas carga × recalque para valores de a entre $0,05\,mm^{-1}$ e $1,00\,mm^{-1}$. O resultado, exibido na Fig. 4.15, mostra que quanto menor o coeficiente a, mais aberta é a curva (maiores são os recalques da estaca para uma mesma carga aplicada). E, para valores crescentes de a, maior a tendência de a curva exibir uma ruptura nítida (curva praticamente vertical a partir de valores baixos de recalques), indicando que o modelo de Van der Veen engloba a ruptura nítida e que, portanto, ela é um caso particular de ruptura física.

4.7 Ensaios rápido, misto e cíclico e método do equilíbrio

O ensaio lento é o pioneiro das provas de carga estática e ainda o mais utilizado no Brasil. Contudo, a necessidade de aguardar a estabilização do recalque implica a existência de estágios demorados, principalmente a partir da metade da carga máxima programada.

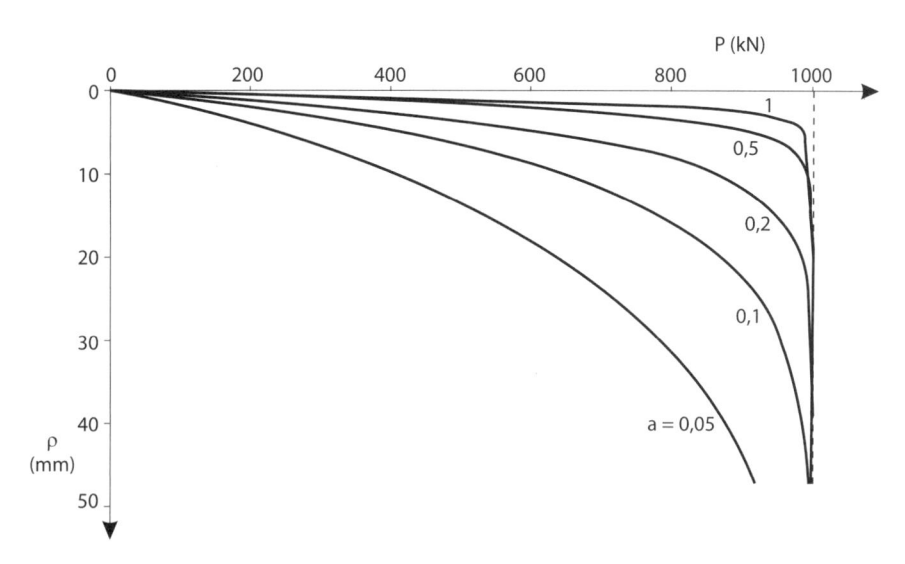

Fig. 4.15 *Análise da variação do coeficiente* a *de Van der Veen (valores de* a *em* mm^{-1}*)*

Daí a própria denominação de ensaio lento, cuja duração comum era de dois a três dias com o antigo critério de estabilização da norma de prova de carga estática.

Para agilizar o ensaio, temos a opção da *prova de carga rápida*, que representamos pela sigla CMR, de carga mantida rápida, e que consiste em estágios com duração padronizada, sem espera pela estabilização dos recalques. A proposição desse tipo de ensaio foi feita por Housel (1966), que não o chamou de rápido, pois seus estágios tinham duração de uma hora. O método de Housel era aceito na edição de 1986 da norma brasileira de prova de carga estática.

Fellenius (1975) propôs que o ensaio rápido substituísse o lento, o que ocorreu na última edição da norma americana, a D1143/D1143M (ASTM, 2007), que considera o ensaio rápido (*quick test*) como o ensaio principal e apregoa seis procedimentos opcionais, entre eles o lento, denominado ensaio com carga mantida (*maintained test*).

Para Fellenius (1980), que demonstra entusiasmo pelo ensaio rápido, o importante é que os estágios tenham a mesma duração, qualquer que seja ela. Em contrapartida, no CMR devemos dobrar os estágios de carga para 20, com acréscimos de carga de 10% da carga admissível prevista em projeto. Um número maior de pontos é vantajoso, pois define melhor a curva carga × recalque, mormente na sua parte final.

Como duração dos estágios, Fellenius (1980) considera 5 minutos, e a NBR 12131 (ABNT, 2006) a fixa em 10 minutos, enquanto na USP/São Carlos adotamos estágios de 15 minutos, com leituras de recalque a cada 3 minutos – desse modo, completamos 24 estágios, incluindo quatro de descarregamento, em 6 horas, o que é um tempo bem razoável, sem necessidade de ser encurtado.

É intuitivo esperar que a curva carga × recalque de um ensaio rápido se apresente acima da curva do lento, por causa da não estabilização dos recalques na prova de carga rápida, sem hipótese de cruzamento das curvas nos trechos finais, conforme ilustrado na Fig. 4.16 (Fellenius (1975) apresenta uma figura semelhante, comparando as curvas dos ensaios rápido e lento e de outros dois tipos de carregamento). Em consequência, a capacidade de carga obtida no ensaio rápido é necessariamente maior do que no lento. Intuímos que essa diferença seja de cerca de 10%, com base em nossas pesquisas com ensaios rápidos de 15 minutos de estágio.

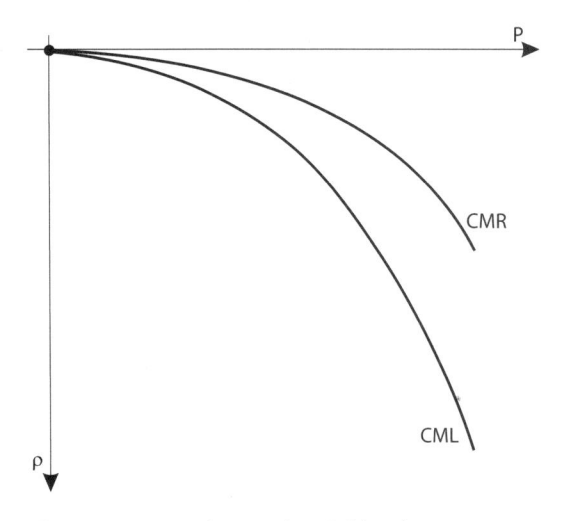

Fig. 4.16 *Curvas dos ensaios rápido e lento*

Nos recalques, todavia, os valores obtidos no ensaio rápido são bem menores. Mas os defensores desse ensaio justificam que nem o ensaio lento é capaz de reproduzir o futuro comportamento da estaca sob carregamento permanente, uma vez que sua duração é insuficiente para propiciar informações sobre o efeito do tempo nos recalques.

No chamado *ensaio misto*, realizamos a primeira metade com carregamentos lentos (cinco estágios com incrementos de 20% da carga admissível de projeto) e a segunda metade com carregamentos rápidos (dez estágios com incrementos de 10% da carga admissível). Temos as vantagens de obter o recalque estabilizado para a carga admissível e uma duração menor do ensaio, com os estágios rápidos na fase em que seriam mais demorados com carregamentos lentos.

A concepção desse ensaio foi apresentada por Mello (1975), originalmente como sugestão para modificação da norma brasileira de ensaios de placa: carregamentos lentos para *acentuar os recalques*, até o estágio correspondente à tensão admissível; e carregamentos rápidos na segunda metade do ensaio, para *minimizar a tensão de ruptura*.

Contudo, a prova de carga rápida não minimiza a resistência; ao contrário, proporciona um valor de capacidade de carga maior do que a lenta, como já vimos. Segundo Milititsky (1991), "de forma genérica, altas velocidades de carregamento resultam em aumento de capacidade de carga e de rigidez do sistema estaca-solo. Velocidades baixas resultam em redução de capacidade de carga e de rigidez".

Outra coisa, bem distinta, é o comportamento da fundação a longo prazo, em que ocorre aumento da capacidade de carga com a dissipação das pressões neutras, predominando como crítica a condição não drenada. Por isso, no cálculo da capacidade de carga de fundações por sapatas por métodos teóricos como Terzaghi (1943), por exemplo, usamos os valores não drenados de coesão e atrito, obtidos em ensaios rápidos de resistência em laboratório.

A proposição do ensaio misto foi reavivada por Alonso (1997) para provas de carga em estacas, com a apresentação de resultados obtidos em estacas do tipo hélice contínua, e incorporada na NBR 12131 (ABNT, 2006), pela qual a transição do carregamento lento para o rápido deve ocorrer após o estágio de 1,2 P_a, ou seja, após 60% da carga máxima programada.

Na prova de carga *cíclica*, todo estágio é descarregado completamente antes do início do próximo, constituindo ciclos de carga e descarga com incrementos iguais e sucessivos de carga. Em cada estágio, inicialmente a carga é mantida, seguindo o padrão do carregamento lento ou rápido, e, depois, efetuamos o descarregamento total. É mais rara a experiência brasileira com esse tipo de ensaio, mesmo ele estando contemplado na norma de prova de carga estática.

O *método do equilíbrio* consiste numa espécie de ensaio cíclico em que, em vez do descarregamento a zero em cada estágio, apenas deixamos de efetuar a reposição de carga até a sua estabilização. Com esse procedimento, de permitir livremente o alívio da carga até um ponto de equilíbrio, a carga retroage e acelera a estabilização dos recalques, abreviando a duração do ensaio. Apenas na fase inicial de cada estágio a carga é mantida, com a duração fixada em 5, 10 ou 15 minutos, para depois entrar na fase de carga não mantida, que dura até ocorrer a estabilização de carga e de recalque.

Essa modalidade de prova de carga estática é uma proposição de Mohan, Jain e Jain (1967), acompanhada de resultados de ensaios em estacas cravadas e escavadas, os quais demonstram uma ótima concordância (quase coincidência) das curvas carga × recalque do método do equilíbrio com as de ensaios lentos. Trata-se, portanto, de um ensaio menos demorado e com recalques estabilizados, que concilia as vantagens dos ensaios rápido e lento e constitui uma alternativa atraente. Esse método serviu de inspiração para introduzirmos, em nossos ensaios rápidos, antes do descarregamento, o procedimento de deixar de manter a carga e aguardar a estabilização de carga e recalque (a estabilização do recalque ocorre sempre bem antes daquela referente à carga). Há indícios, sem comprovação, de que esse ponto adicional, de carga e recalque estabilizados, pertenceria à curva carga × recalque do ensaio lento.

Obtidas as curvas carga × recalque nesses ensaios (rápido, misto, cíclico e método do equilíbrio), aplicamos a mesma interpretação do lento, no que for possível.

4.8 MATERIAL × SISTEMA

Analisaremos a notável diferença existente entre o comportamento separado do solo (como *material*) e o da fundação por uma estaca, que é um *sistema* composto pelo elemento estrutural (estaca) e o elemento geotécnico (maciço de solo e/ou rocha que envolve a estaca).

Quando realizamos, em laboratório, um ensaio de resistência num corpo de prova de baixa rigidez (argila mole, por exemplo), obtemos uma curva tensão × deformação com o aspecto mostrado na Fig. 4.17A, isto é, uma curva do tipo aberta, tendendo ou não a uma assíntota horizontal. Para um solo rígido (comportamento de areia compacta, por exemplo), pelo contrário, a curva exibe uma resistência de pico definida para pequenas deformações, e, a partir daí, uma resistência residual com deformações incessantes, como mostrado na Fig. 4.17B (com ou sem resistência de pico).

Imaginemos agora uma estaca longa num maciço suficientemente espesso de argila mole, ou seja, uma estaca flutuante, em que a capacidade de carga é comandada pela adesão lateral, cujo valor máximo é mobilizado para pequenos valores de recalque (5 mm a 10 mm). Na prova de carga, a curva carga × recalque exibirá uma condição de ruptura nítida, conforme ilustrado na Fig. 4.18A, semelhante à curva da Fig. 4.17B. A curva da prova de carga também deveria mostrar uma resistência de pico maior que a residual, mas geralmente o ensaio não consegue detectar isso.

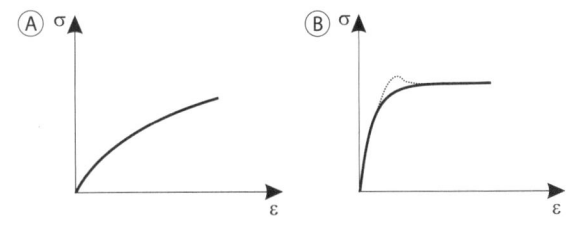

Fig. 4.17 Curvas tensão × deformação de ensaios realizados em laboratório (sem escala): (A) argila mole; (B) areia compacta

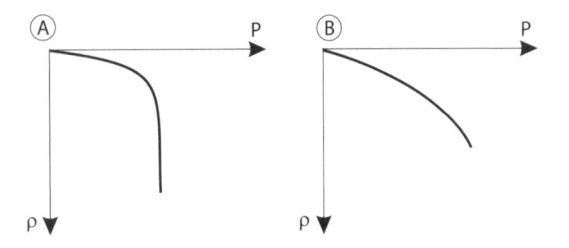

Fig. 4.18 Curvas carga × recalque (sem escala): (A) estaca flutuante; (B) estaca de ponta

Por outro lado, se tivermos uma estaca com a ponta imersa no maciço de areia compacta com comportamento rígido de tal modo que haja predomínio da resistência de ponta, cujo valor é mobilizado para valores bem mais altos de recalque (cerca de 10% do diâmetro ou do lado da ponta da estaca), a curva carga × recalque obtida na prova de carga será do tipo aberta (Fig. 4.18B), como era a curva da Fig. 4.17A.

Portanto, examinando os gráficos típicos de ensaios de resistência em corpos de prova de dois solos típicos (Fig. 4.17), em laboratório, e as curvas de provas de carga em estacas nesses solos (Fig. 4.18), constatamos que o comportamento pode passar até para o padrão oposto quando, com a execução da estaca, o *material* solo se transforma em parte do *sistema*.

Assim, a prova de carga é o ensaio imbatível para avaliar o comportamento de fundações. A conclusão dessa comparação de material com sistema transcende a problemática sempre lembrada de que os ensaios *in situ* não contemplam as perturbações provocadas no solo pelo processo executivo ou de implantação da estaca no maciço de solo.

Ademais, como a fundação por uma estaca é um sistema (um todo constituído de duas partes, estaca e solo), a sua capacidade de carga deve ser mencionada como a "capacidade de carga *do sistema estaca-solo*". Em "capacidade de carga *da estaca*" ou "capacidade de carga *do solo*", temos uma figura de linguagem, a sinédoque, um caso especial de metonímia, em que o todo é substituído pela parte. Não deveríamos dizer, por exemplo, que a missão da fundação é "transmitir" cargas para o solo, pois o solo é parte da fundação. A estaca transfere cargas para o solo, mas a fundação "suporta" cargas. Por isso, podemos dizer "capacidade de suporte" da fundação com o significado de "capacidade de carga".

4.9 Instrumentação

Na prova de carga estática a compressão, a aplicação dos estágios de carga mobiliza progressivamente a resistência do sistema estaca-solo necessária ao equilíbrio. Essa resistência é composta das parcelas de atrito lateral, ao longo do fuste da estaca, e de resistência de ponta, mas o ensaio monitora diretamente o valor total de resistência por meio do controle da carga aplicada no topo da estaca (a prova de carga estática não convencional mencionada na seção 4.3, denominada sistema de célula expansiva hidrodinâmica, permite a separação direta de atrito lateral e resistência de ponta).

Assim, a denominação "curva carga × recalque" de uma prova de carga deixa subentendido que seja uma "curva resistência total × recalque", sem a distinção das duas parcelas de resistência. Na literatura, até encontramos métodos que pretendem, com base na curva carga × recalque, fazer a separação das parcelas de resistência de ponta e de atrito lateral. Nenhum deles, contudo, conseguiu atingir o *status* de método consagrado.

Em pesquisa, principalmente, além de se quantificar separadamente as parcelas de resistência em cada estágio, também interessa desvendar a distribuição do atrito lateral ao longo do fuste, ou seja, o valor do atrito nas diferentes camadas do maciço de solo atravessadas pela estaca.

Num estágio qualquer de uma prova de carga estática, a carga é mantida constante no topo, mas não permanece a mesma ao longo da estaca. Entre o topo e a ponta da estaca, a carga ou o esforço normal diminui continuamente graças à mobilização do atrito lateral junto ao fuste. Assim, a solução do problema está na quantificação do esforço normal em várias seções da estaca, uma vez que a diferença dos valores de esforço normal em duas seções resulta no atrito lateral mobilizado entre elas, em unidades de força.

Consideremos, por exemplo, uma estaca com seis seções instrumentadas, conforme o esquema da Fig. 4.19A, com a última próximo da ponta da estaca. No estágio i da prova de carga, teremos, ao aplicar a carga P^i no topo da estaca, o esforço normal P^i_1 na seção 1, o esforço P^i_2 na seção 2 e assim por diante. Esses valores permitem obter o chamado diagrama de transferência de carga (Fig. 4.19B), que consiste tanto na curva de esforço normal até a ponta da estaca como na curva de atrito lateral acumulado ao longo do fuste. Nesse diagrama, ligeiramente extrapolado até a ponta da estaca, deveríamos acrescentar as curvas dos demais estágios do ensaio.

Para cada estágio do ensaio, podemos ainda calcular a diferença dos valores de esforço normal entre duas seções instrumentadas vizinhas e dividir pela área da superfície lateral, resultando no atrito lateral médio mobilizado entre elas, em unidades de tensão. Repetindo esse cálculo para cada par de seções vizinhas, obteríamos um gráfico de atrito lateral médio ao longo da estaca.

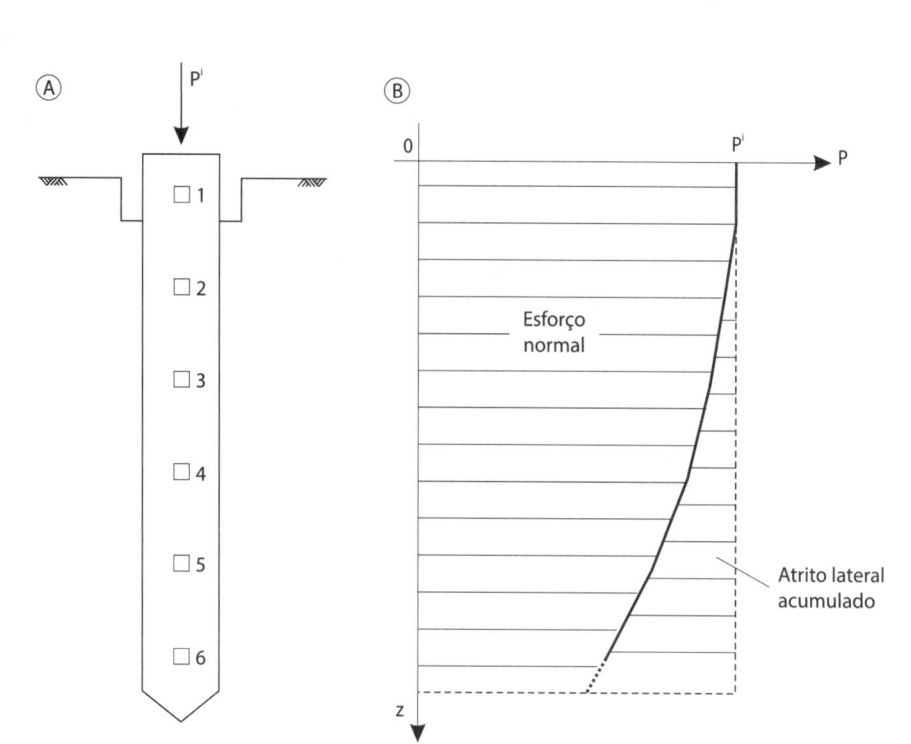

Fig. 4.19 *Diagrama de transferência de carga: (A) seis seções instrumentadas; (B) estágio i da prova de carga*

A instrumentação mais tradicional são os *strain gages* (extensômetros elétricos de resistência), que, em peças comprimidas, possibilitam a obtenção de medidas de deformação específica (ε) ao sofrer o mesmo encurtamento elástico da peça instrumentada. Assim, em qualquer seção instrumentada da estaca, conhecida a deformação específica (ε), temos duas incógnitas na lei de Hooke, a tensão aplicada σ e o módulo de elasticidade E do material da estaca:

$$\sigma = E \cdot \varepsilon \tag{4.14}$$

A solução é a chamada seção de referência, que consiste em abrir uma cava superficial em torno da estaca até a primeira seção instrumentada, de modo a garantir que a tensão de compressão que chega nessa seção é a mesma aplicada no topo da estaca (Fig. 4.19A). Assim, em cada estágio do ensaio, conhecemos, na seção de referência, os valores de σ e ε, que, aplicados na lei de Hooke, determinam o valor de E, o qual se assume valer para toda a estaca.

Em cada uma das demais seções instrumentadas conhecemos E e ε, o que permite obter a tensão σ, que, multiplicada pela área da seção transversal, resulta na força de compressão, ou seja, o esforço normal atuante na respectiva seção. Daí, finalmente, o diagrama de esforço normal.

Em estacas escavadas, os *strain gages* podem ser colados diretamente na armadura ou em hastes de aço nela inseridas. Em ambos os casos, a armadura precisa cobrir todo o comprimento da estaca e ser instalada antes da concretagem, para minimizar danos na instrumentação. Outra técnica é concretar a estaca com um tubo metálico no seu centro, com ponta fechada. No interior desse tubo, introduzimos uma barra contínua, com as hastes instrumentadas, e injetamos calda de cimento de modo a preencher os vazios completamente, para que as hastes e os *strain gages* sofram o mesmo encurtamento da seção da estaca.

Essa técnica também pode ser usada em estacas pré-moldadas de concreto, desde que o tubo seja instalado previamente, na fabricação da estaca. A colagem diretamente no fuste, em estacas pré-moldadas de concreto ou metálicas, propicia a ocorrência de danos na cravação, tanto nos *strain gages* como na fiação que vai até o aparelho de leituras. Aliás, nas estacas escavadas, a introdução da armadura (com ou sem as hastes) e a concretagem devem ser cuidadosas para não danificar os *strain gages* nem a fiação.

A ponte de Wheatstone é o circuito mais utilizado para a leitura de deformações em *strain gages*. Cintra e Takeya (1988) apresentam os esquemas de montagem do circuito em ½ ponte e ponte completa.

4.10 Tração e carga horizontal

Relembrando o esquema estático da prova de carga a compressão mostrado na Fig. 4.3, devemos inverter o sentido das forças de ação e reação para realizarmos a prova de carga a tração: a estaca de ensaio será tracionada, enquanto as estacas de reação serão comprimidas.

Agora é a estaca de ensaio integralmente armada a tração e que recebe uma barra do tipo Dywidag, devidamente ancorada, para procedermos aos esforços de levantamento ou arrancamento da estaca. Consequentemente, o macaco hidráulico deve ser posicionado *sobre* a viga de reação. Para a passagem da barra (que trabalha como um tirante), o modo mais usual é o emprego de um macaco com furo central (o mesmo ocorre para a célula de carga, se for o caso). No topo de cada estaca de reação geralmente é concretado um bloco de coroamento para servir de apoio à viga de reação.

Os demais procedimentos de ensaio são semelhantes ao caso da prova de carga a compressão. Como resultado, na prova de carga a tração obtemos uma curva carga × deslocamento (vertical para cima). Em estacas sem alargamento de base (mesma seção transversal ao longo de todo o comprimento), prevalece a condição de ruptura nítida a tração: com pequenos deslocamentos (5 mm a 10 mm) ocorre a mobilização máxima do atrito lateral ao longo do fuste e, consequentemente, o levantamento incessante da estaca sem acréscimo de carga. Mesmo que a ruptura não seja atingida no ensaio, podemos esperar uma ruptura nítida para uma carga de tração superior à máxima aplicada no ensaio.

Na prova de carga horizontal, o esquema estático mais comum é o do ensaio simultâneo de um par de estacas, uma reagindo contra a outra. Para isso, o macaco hidráulico e a célula de carga são dispostos horizontalmente, apoiados no solo. Os defletômetros são instalados nas duas estacas para as leituras individuais de deslocamento horizontal. Como resultado, obtemos uma curva carga × deslocamento horizontal para cada uma das estacas. Não há um critério específico para a interpretação dessa curva e a consequente obtenção da capacidade de carga horizontal. O critério de Van der Veen (1953) pode ser aplicado, com as mesmas ressalvas sobre extrapolação apresentadas anteriormente.

Prova de carga dinâmica

Cristina de H. C. Tsuha, Nelson Aoki e José Carlos A. Cintra

A capacidade de carga de um sistema estaca-solo pode ser determinada experimentalmente por meio de uma prova de carga estática, como visto no Cap. 4, mas também pode ser avaliada por meio de ensaios dinâmicos, como a medida conjunta de nega e repique e a prova de carga dinâmica. Além desses ensaios e dos correspondentes métodos dinâmicos de capacidade de carga (as fórmulas dinâmicas e os métodos que utilizam a teoria da equação da onda), neste capítulo será apresentado o PIT, um ensaio para a verificação da integridade da estaca.

5.1 Nega de cravação

A cravação de estacas pré-fabricadas (pré-moldadas de concreto, metálicas ou de madeira), com um bate-estacas aplicando golpes de martelo em seu topo (Fig. 5.1), geralmente é mais fácil no início. Com o avanço da cravação, a penetração por golpe vai diminuindo, pois a resistência à cravação aumenta gradativamente. Quando a energia aplicada pelo sistema não apresentar mais um rendimento suficiente, é hora de encerrar a cravação da estaca.

Como critério objetivo de parada, atende-se à tradicional nega de cravação, o deslocamento ou penetração permanente por golpe de cravação da estaca, com valor geralmente especificado em projeto de 1 mm/golpe a 3 mm/golpe ou 10 mm/10 golpes a 30 mm/10 golpes (sua medida em campo é realizada sempre por meio de 10 golpes consecutivos do martelo).

No início da cravação, a nega é muito alta, atingindo alguns diâmetros da estaca por golpe, o que configura um processo inequívoco de ruptura do solo, possibilitando a própria continuidade da cravação. Próximo do final da cravação, contudo, deixa de haver ruptura: a estaca nega-se a ser cravada (daí o significado de "nega", do verbo negar).

Para distinguir essas duas fases da cravação, pode-se utilizar o critério de ruptura convencional de Terzaghi (1942), visto no capítulo anterior. Enquanto houver negas superiores a 10% do diâmetro da estaca, tem-se a ruptura do solo, isto é, a mobilização da máxima resistência do sistema estaca-solo, a chamada capacidade de carga. Para negas inferiores a esse valor, a energia aplicada na cravação é insuficiente para provocar a ruptura, mobilizando apenas parte da resistência máxima e não atingindo a capacidade de carga.

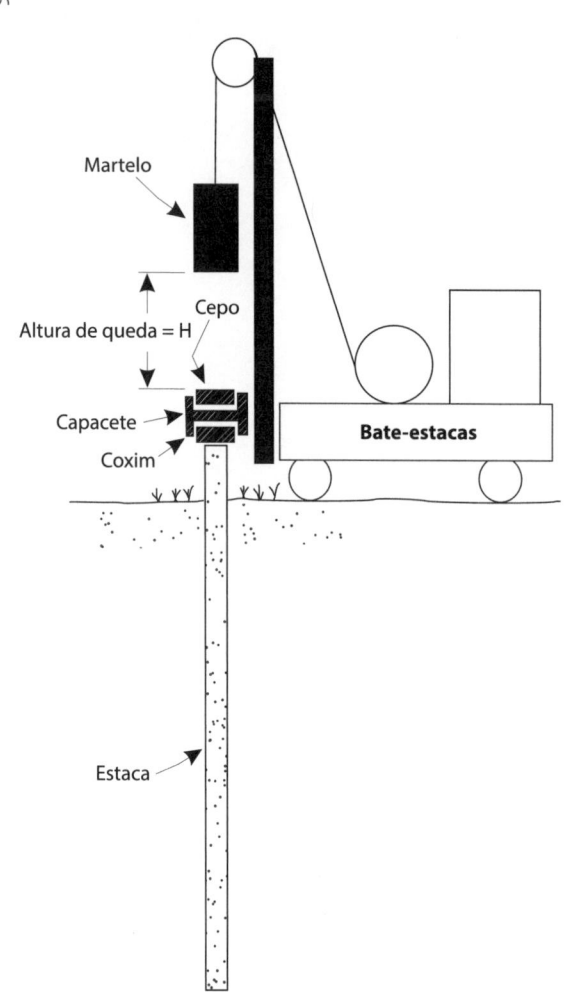

Fig. 5.1 *Esquema de cravação de estacas*

Assim, quando a estaca "dá nega" (a medida na cravação atende ao especificado no projeto para critério de parada), a mobilização da resistência máxima não está ocorrendo, o que torna inconsistente a correlação dessa nega com a capacidade de carga do sistema estaca-solo. No entanto, a não observância desse conceito deu origem, no passado, a fórmulas que pretendiam inferir a capacidade de carga por meio da medida da nega, como será mostrado mais adiante.

5.2 Controle de nega e repique

No processo de cravação, o topo da estaca sofre, a cada golpe do martelo, um deslocamento vertical para baixo que compreende não só a nega (S), mas também uma parcela de deslocamento elástico, recuperável, o denominado repique (K). Cessado o efeito do golpe, o deslocamento se resume à nega, que representa uma penetração permanente da estaca no terreno. Assim, o deslocamento máximo (D) é dado pela soma de duas parcelas:

$$D = S + K \qquad (5.1)$$

Por isso, em vez de efetuar a medida exclusiva da nega na fase final de cravação da estaca, pode-se também realizar o controle do repique elástico. Para a obtenção manual dessa medida conjunta de nega e repique para dez golpes consecutivos do martelo, como indicado por Chellis (1951), prende-se uma folha de papel no topo da estaca e encosta-se nela a ponta de um lápis, o qual deve estar apoiado em uma régua fixa que sirva de referência (Fig. 5.2).

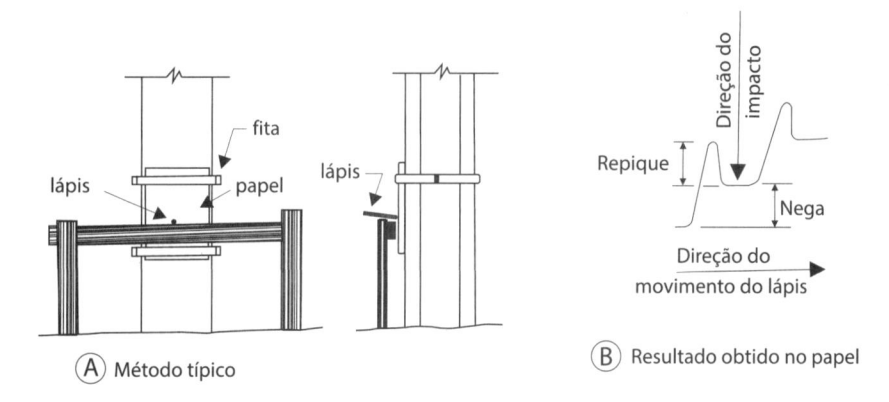

Fig. 5.2 *Obtenção manual da medida de nega e repique*
Fonte: adaptado de Chellis (1951).

Por sua vez, o repique elástico também é composto por duas parcelas, tradicionalmente representadas por C_2 e C_3:

$$K = C_2 + C_3 \qquad (5.2)$$

em que:
C_2 – deslocamento decorrente do encurtamento elástico da estaca;
C_3 – deslocamento decorrente da deformação elástica do solo sob a ponta da estaca, o chamado *quake* do solo.

Um exemplo de registro em papel de nega e repique no final da cravação de uma estaca é apresentado na Fig. 5.3, cujos valores para dez golpes são: nega de 10 mm e repique de 19 mm.

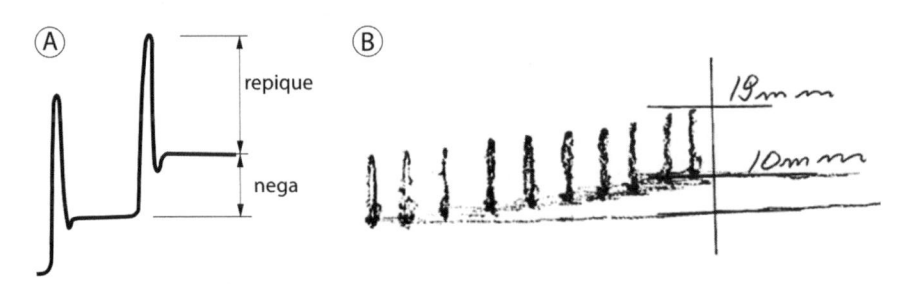

Fig. 5.3 *Registro de nega e repique no final da cravação de uma estaca: (A) representação de um golpe; (B) medida a lápis para dez golpes*

Esse registro manual de nega e repique exige a presença de um operário próximo à estaca para segurar o lápis durante os impactos do martelo no topo da estaca. Considerando o risco de acidente nessa operação, foram desenvolvidos métodos automáticos de obtenção da nega e do repique por equipamento mecânico e eletrônico e, mais recentemente, por registro óptico, com base no processamento de imagens registradas no momento do impacto. Um exemplo de equipamento para o registro de repique é o Processador Digital de Repique (PDR) (Fig. 5.4).

Fig. 5.4 *Processador Digital de Repique (PDR) em operação*
Fonte: Oliveira et al. (2011).

A Fig. 5.5 exibe uma representação didática da medida de nega e repique, no topo da estaca, e de nega e *quake*, na ponta da estaca. Nessa figura, *EMX* é o valor da energia líquida que chega ao sistema no momento do impacto e *C* representa a distância entre a ponta da estaca e o indeslocável (topo da camada, considerada indeformável, do maciço de solo ou de rocha).

5.3 Fórmulas dinâmicas

No século XIX surgiram, em grande quantidade, as chamadas fórmulas dinâmicas de cravação, que relacionavam a resistência à cravação com a energia de cravação e com o deslocamento axial da estaca causado pelo impacto do martelo. De início sem utilizar a medida do repique, que foi incorporada posteriormente.

Uma das primeiras utilizações de fórmula dinâmica para o controle de capacidade de carga ao final da cravação de estacas ocorreu nos Estados Unidos, pelo engenheiro militar John Stanton (apud Likins; Fellenius; Holtz, 2012), na obra de um forte, concluído em 1859, no qual foram cravadas 6 mil estacas de madeira.

Grande parte dessas fórmulas é baseada na teoria do impacto entre corpos rígidos (lei de Newton), que não representa adequadamente o fenômeno da cravação de estacas. De acordo com Paikowsky e Chernauskas (1992), as fórmulas dinâmicas podem ser classificadas em três tipos: teóricas, empíricas e equações que consistem na combinação das duas. Nas fórmulas teóricas, a determinação da resistência total à penetração baseia-se no trabalho feito pela estaca durante a penetração no solo.

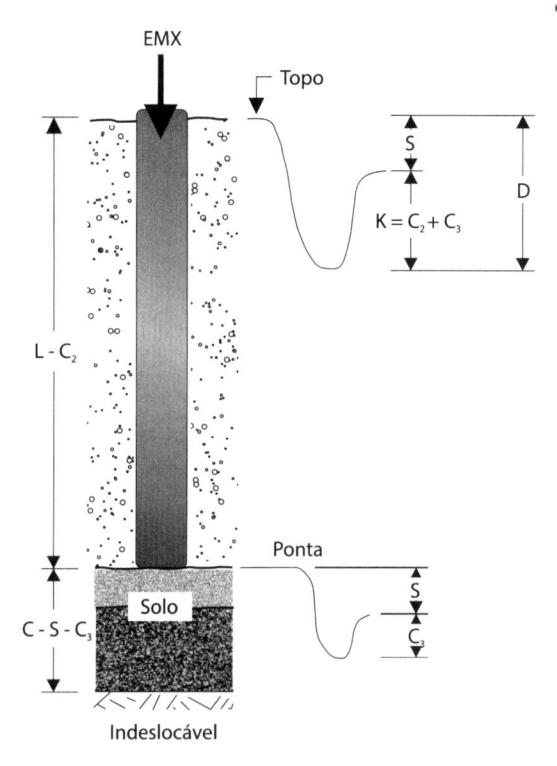

Fig. 5.5 *Representação de nega e repique, no topo da estaca, e de nega e* quake, *na ponta*
Fonte: Aoki (1991).

As fórmulas baseadas na energia de cravação consideram a resistência à penetração durante o tempo em que a estaca se move para baixo em razão do impacto do martelo, e incorporam parâmetros ajustados para que essa resistência total à penetração (R_t) resulte equivalente à capacidade de carga obtida por prova de carga estática.

Algumas dessas fórmulas consideram que a energia potencial do martelo no golpe (peso W vezes altura H) é igual ao trabalho realizado na cravação da estaca ($R_t \cdot S$) mais as possíveis perdas de energia (X) por atrito nos cabos, compressão temporária da estaca etc.:

$$W \cdot H = R_t \cdot S + X \quad (5.3)$$

No caso do forte americano citado, foi utilizada uma fórmula deste tipo:

$$P_a = W \cdot H/8S \quad (5.4)$$

em que as perdas de energia são desprezadas e 8 representa uma espécie de fator de segurança. Esse é um exemplo de que algumas fórmulas foram propostas com fatores de segurança embutidos para a obtenção direta da carga admissível (P_a).

Como a cravação da estaca é um fenômeno dinâmico, atualmente se considera que a resistência total durante a penetração (R_t) é composta por uma parcela estática (R_u) e uma parcela dinâmica (R_d):

$$R_t = R_u + R_d \tag{5.5}$$

e que o objetivo é a estimativa de R_u, para posterior aplicação do fator de segurança.

Assim, nas fórmulas antigas, como comentado por Velloso e Lopes (2002), a carga admissível é obtida dividindo-se a resistência à cravação por um fator de segurança (ou de correção, variando entre 2 e 10) que já desconta a parcela de resistência dinâmica.

O Quadro 5.1 apresenta algumas fórmulas dinâmicas clássicas, mas sem os fatores de segurança propostos por seus autores.

Quadro 5.1 Algumas fórmulas dinâmicas clássicas com fatores de segurança removidos

Engineering News	$R_u = \dfrac{W \cdot H}{S + C'}$
Hiley	$R_u = \left[\dfrac{(W \cdot H) e_f}{S + 0{,}5\,(C_1 + C_2 + C_3)}\right]\left[\dfrac{W + e^2 P}{W + P}\right]$
Redtenbacher	$R_u = \dfrac{A \cdot E}{L}\left[-S + \sqrt{S^2 + \dfrac{2\,(W \cdot H)}{A \cdot E/L}\left[\dfrac{W}{W + P}\right]}\right]$

Em que: C' – constante adotada; e_f – eficiência do martelo; C_1 – deformação elástica do capacete; e – coeficiente de restituição; P – peso da estaca; A – área da seção transversal da estaca; E – módulo de elasticidade da estaca; L – comprimento da estaca
Fonte: Lowery Jr., Finley Jr. e Hirsch (1968).

Bem conhecida é a fórmula de Chellis (1951), em que o valor da resistência estática (R_u) é considerado diretamente proporcional ao encurtamento elástico da estaca (C_2):

$$R_u = C_2 \frac{E \cdot A}{L'} \qquad (5.6)$$

em que:
L' – comprimento equivalente da estaca, que depende do mecanismo de transferência de carga na estaca.

Velloso (1987) propõe a estimativa de L' pela relação:

$$L' = \alpha L \qquad (5.7)$$

com $\alpha = 1$ se a carga toda for resistida pela ponta da estaca e $\alpha = 0,5$ se a carga toda for resistida por atrito lateral. De acordo com Aoki (1991), em casos intermediários pode-se adotar $\alpha = 0,7$.

Para a estimativa de R_u, ainda resta quantificar o valor de C_2. Para isso, utiliza-se a medida do repique elástico (K), uma vez que $K = C_2 + C_3$, e adota-se um valor para o *quake* do solo (C_3):

$$C_2 = K - C_3 \qquad (5.8)$$

Segundo Chellis (1951), o valor de C_3 varia de 0 a 2,5 mm, em função da dificuldade de cravação. Aoki (1986) considera o valor de C_3 igual a 2,5 mm no controle da capacidade de carga em estacas pré-moldadas ao final da cravação por meio do repique elástico.

Souza Filho e Abreu (1990) mediram o valor de C_3 em solos do Distrito Federal (DF) por meio de um dispositivo instalado no interior de uma estaca, encontrando valores superiores a 2,5 mm, os quais são apresentados na Tab. 5.1. Segundo Aoki (1991), no caso de solos resilientes (com comportamento similar ao de uma borracha), o *quake* pode atingir valores tão altos quanto 20 mm a 30 mm.

TAB. 5.1 Valores de C_3 em função do tipo de solo

Tipo de solo	C_3 (mm)
Areia	0 a 2,5
Areia siltosa ou silte arenoso	2,5 a 5,0
Argila siltosa ou silte argiloso	5,0 a 7,5
Argila	7,5 a 10,0

Fonte: Souza Filho e Abreu (1990).

A NBR 6122 (ABNT, 2010) declara que "as fórmulas dinâmicas baseadas na nega ou repique elástico visam principalmente assegurar a homogeneidade das estacas cravadas", sem, contudo, explicar a que tipo de homogeneidade se refere.

5.4 Teoria da equação da onda

A análise da capacidade de carga em estacas cravadas passou a ser feita de forma mais apropriada com o advento da teoria da equação da onda.

Cummings, em 1940, já havia demonstrado metodologicamente a superioridade do uso da análise da equação da onda longitudinal em relação às fórmulas baseadas na teoria do impacto de Newton para a interpretação do impacto causado pela cravação da estaca. Os programas computacionais da equação da onda surgiram nessa época, mas parte da instrumentação necessária para sua aplicação na verificação do desempenho de estacas foi desenvolvida juntamente com os extensômetros ou *strain gages* (transdutores capazes de medir deformações de corpos). Esse dispositivo tornou possível a rotina de registrar as ondas de força na estaca submetida ao impacto do martelo. Contudo, acelerômetros acurados e confiáveis, também necessários para a interpretação do impacto na estaca, foram apresentados apenas em 1960, desenvolvidos de modo mais lento que o dispositivo para o registro de força (Hussein; Goble, 2004).

Na teoria da propagação unidimensional da onda, para a interpretação da resposta ao carregamento aplicado no sistema estaca-solo, considera-se inicialmente que o impacto do martelo causa uma onda de tensão descendente na estaca. A resistência por atrito lateral ou uma mudança de seção transversal da estaca (área, peso específico ou resistência) provoca reflexões ascendentes das ondas de tensão, as quais podem ser avaliadas, durante o impacto, por meio de medidas de força e velocidade em seção instrumentada no topo da estaca.

A equação da onda é uma equação diferencial de derivadas parciais de segunda ordem envolvendo as variáveis: posição de seção transversal ao longo da estaca (x) na qual se quer determinar o deslocamento $u(x,t)$ em um instante de tempo (t) qualquer do impacto de um martelo de peso W caindo de uma altura H.

A equação da onda aplicada ao caso particular de uma estaca sem resistência ao longo do fuste é dada por:

V Prova de carga dinâmica

$$c^2 \cdot \frac{\partial^2 u}{\partial x^2} - \frac{\partial^2 u}{\partial t^2} = 0 \qquad (5.9)$$

em que c é a velocidade de propagação da onda de tensão pela estaca, dada por:

$$c = \sqrt{\frac{E}{\rho}} \qquad (5.10)$$

em que:
E – módulo de elasticidade do material da estaca;
ρ – massa específica do material da estaca.

A solução geral da Eq. 5.9 é dada por:

$$u(x,t) = f(x - ct) + g(x + ct) \qquad (5.11)$$

em que as funções f e g representam as duas ondas (descendente e ascendente) que se sobrepõem e se propagam com a mesma velocidade c, porém em sentidos opostos, como mostra a Fig. 5.6.

Por meio dessa solução, é possível obter as funções de velocidade $v(x,t)$ e de força $F(x,t)$ na seção instrumentada. De forma simplificada, as funções de velocidade e força podem ser representadas como:

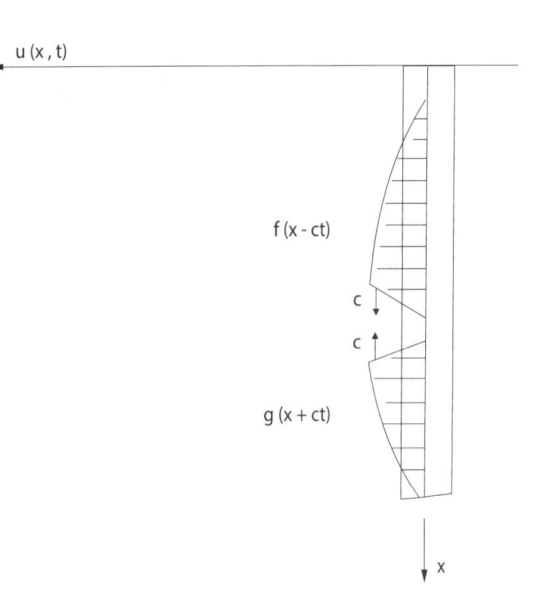

Fig. 5.6 *Representação da solução da equação da onda*
Fonte: Gonçalves et al. (2000).

$$v = \frac{\partial u}{\partial x} = v \downarrow + v \uparrow \quad \text{(velocidade descendente + velocidade ascendente)} \qquad (5.12)$$

$$F = F \downarrow + F \uparrow \quad \text{(força descendente + força ascendente)} \qquad (5.13)$$

Portanto, a força ascendente é:

$$F \uparrow = F - F \downarrow \qquad (5.14)$$

As funções de velocidade $v(x,t)$ e de força $F(x,t)$ são proporcionais entre si por uma constante denominada impedância (Z):

$$F = Z \cdot v \qquad (5.15)$$

em que:

$$Z = \frac{E \cdot A}{c} \quad (5.16)$$

Das Eqs. 5.12 e 5.15, tem-se:

$$v = \frac{1}{Z}(F\downarrow + F\uparrow) \quad (5.17)$$

Substituindo a Eq. 5.14 na Eq. 5.17, obtém-se:

$$v \cdot Z = (2F\downarrow - F) \quad (5.18)$$

Quando ocorre uma descontinuidade na seção ao longo do fuste da estaca, a impedância é alterada e a onda que se propaga na estaca, refletida. Como a instrumentação na estaca durante a prova de carga dinâmica é feita em uma única seção no topo da estaca, os valores de força e velocidade obtidos são os valores totais. Porém, são as ondas ascendentes que transmitem informações sobre os efeitos externos que causam a reflexão (resistência de ponta, atrito lateral e mudança de impedância da estaca). Portanto, conhecendo-se a força e a velocidade naquela seção, com base nas Eqs. 5.14 e 5.18 as ondas descendentes $F\downarrow$ e ascendentes $F\uparrow$ podem ser separadas pelas expressões:

$$F\downarrow = \frac{F + Z \cdot v}{2} \quad (5.19)$$

$$F\uparrow = \frac{F - Z \cdot v}{2} \quad (5.20)$$

A solução geral da equação da onda é representada graficamente por uma superfície de variação de deslocamento $u(x,t)$, velocidades $v(x,t)$, força $F(x,t)$, energia $E(x,t)$, resistência mobilizada $Rt(x,t)$ etc. ao longo do tempo e das seções da estaca.

A Fig. 5.7 apresenta um exemplo da superfície de deslocamentos $u(x,t)$ da seção x ao longo do tempo t no intervalo entre $x = 0$ (topo da estaca) e $x = L$ (seção da base da estaca). Nessa figura, o valor de pico de deslocamento (DMX) na seção de topo ($x = 0$) corresponde ao momento de máxima intensidade no impacto.

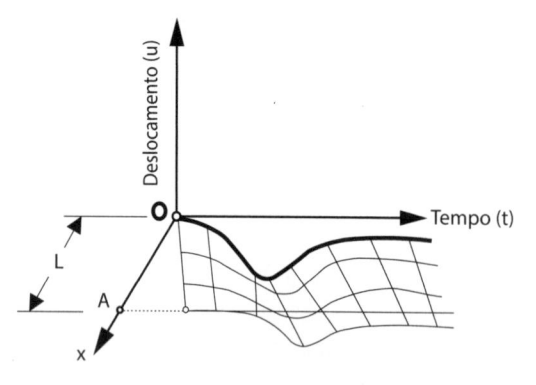

Fig. 5.7 *Solução da equação da onda para variação de deslocamento ao longo da estaca*
Fonte: Aoki (1996).

Como citado por Aoki (1996), a primeira linha cheia dessa figura, correspondente ao deslocamento no topo da estaca, é equivalente à curva resultante do procedimento de registro de nega e repique (Fig. 5.3A). Desse modo, a solução particular da equação da onda no topo da estaca também pode ser obtida prendendo-se uma folha de papel na estaca e registrando-se o deslocamento durante o impacto do martelo com um lápis apoiado numa régua de referência.

A Fig. 5.8 mostra um exemplo de superfície de força $F(x,t)$ obtida por prova de carga dinâmica. O tempo de propagação da onda de impacto ao longo da estaca até retornar ao topo é igual a $2L/c$.

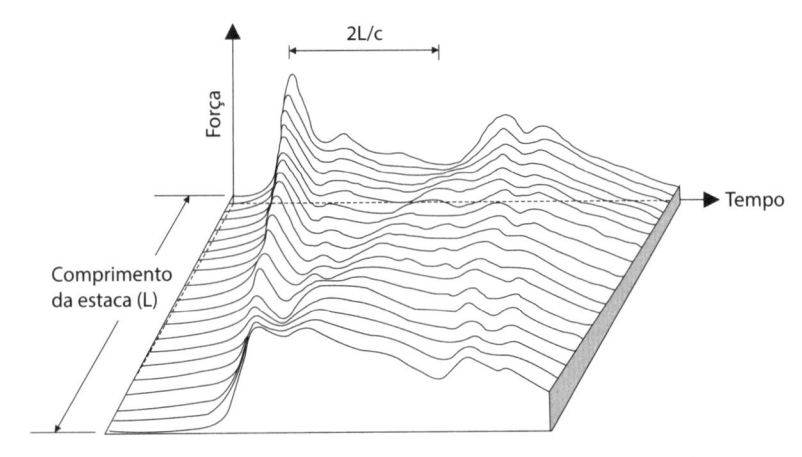

Fig. 5.8 *Solução da equação da onda para variação de força ao longo da estaca*
Fonte: adaptado de Goble, Likins e Rausche (1975).

As etapas de propagação da onda durante o impacto ao longo do comprimento da estaca são exibidas na Fig. 5.9. No item D, é ilustrada a absorção de energia pelo solo ao longo da estaca em razão da resistência por atrito lateral.

5.5 Método numérico de Smith

Smith (1960) desenvolveu um método para a solução da equação da onda aplicada à cravação de estacas. Nele, martelo, sistema de amortecimento, estaca e solo são representados por componentes como massas, molas e amortecedores: o peso do martelo por uma massa, a estaca por massas e molas interligadas e o solo por molas

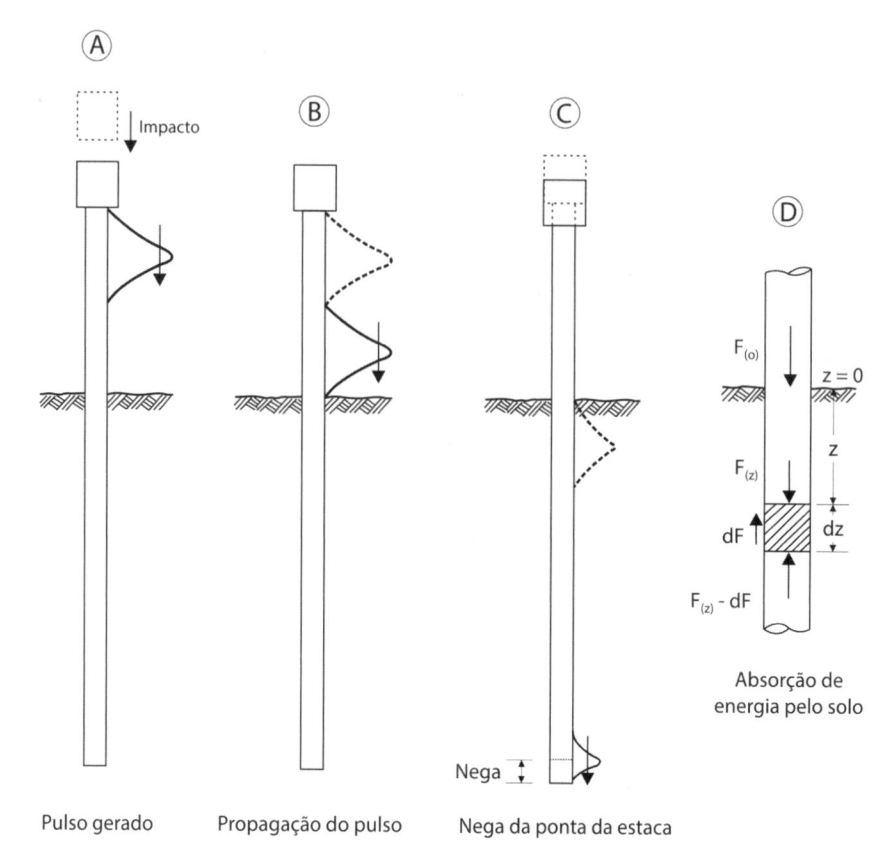

Fig. 5.9 *Etapas de propagação da onda na cravação da estaca*
Fonte: Nakao (1981).

(componentes elastoplásticos) e amortecedores (componentes viscolineares, portanto dependentes da velocidade). A estaca é dividida em vários segmentos de massa, e a resistência à penetração da estaca é calculada para cada segmento, como mostrado na Fig. 5.10.

O modelo de Smith (1960) considera que a resistência à penetração da estaca (R_t) possui uma parcela estática (R_u) e uma parcela dinâmica (R_d):

$$R_t = R_u + R_d \qquad (5.21)$$

sendo a parcela estática admitida com comportamento elastoplástico, como mostra o diagrama da Fig. 5.11, em que Q é o *quake* do solo (ou compressão elástica do solo, C_3) e S, a nega (ou deslocamento permanente da estaca no golpe).

Nesse modelo, tem-se que a ponta da estaca penetra, a partir do ponto O, uma distância Q, comprimindo o solo elasticamente, e no

(A) Sistema real   Diesel   (B) Modelo

Ar/vapor

Bate-estacas

Martelo
Cepo
Capacete
Coxim

Estaca

Solo

(C) Resistência do solo:

R. dinâmica — Velocidade

R. estática — Deslocamento

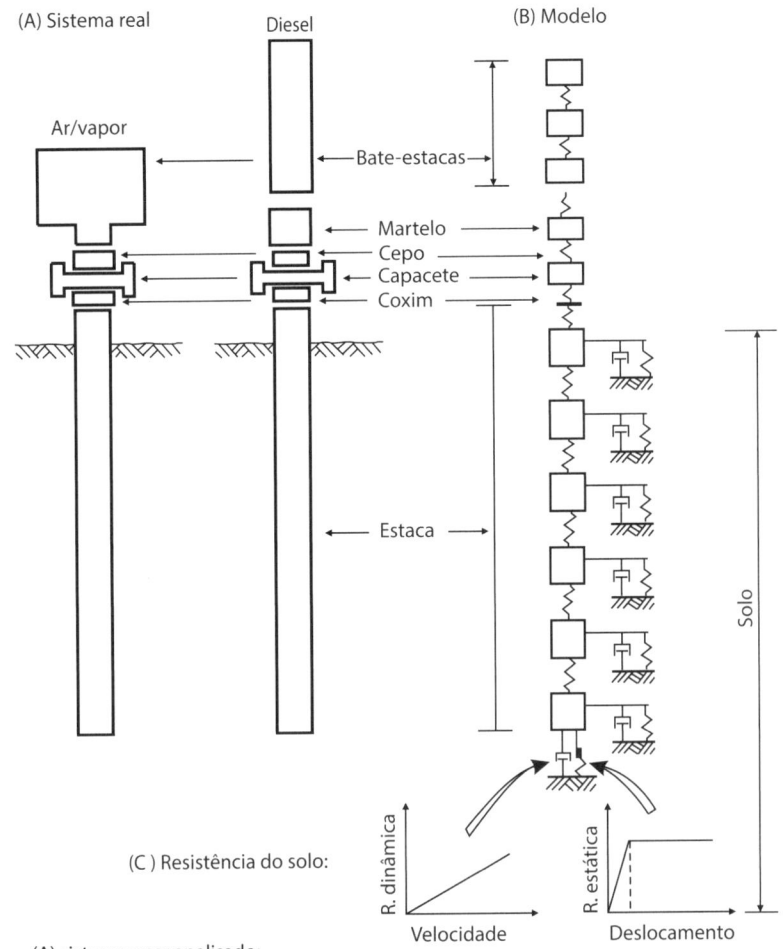

(A) sistema a ser analisado;
(B) modelo da equação da onda;
(C) modelo das componentes da resistência do solo.

Fig. 5.10 *Representação da estaca e do sistema de cravação proposta por Smith (1960)*
Fonte: Goble e Rausche (1981).

ponto A a resistência estática atinge o seu valor máximo (R_u). A partir daí, ocorre a ruptura plástica, e a resistência permanece igual a R_u, até a ponta atingir o ponto B. Depois, tem-se a descompressão elástica igual a Q, e o movimento cessa no ponto C com a penetração permanente S.

Para a resistência dinâmica (R_d), que representa uma resistência adicional decorrente do amortecimento do solo, Smith (1960) estabelece a equação:

$$R_d = J_S \cdot v \cdot R_u \qquad (5.22)$$

em que:

J_S – coeficiente de amortecimento do solo;

v – velocidade da partícula.

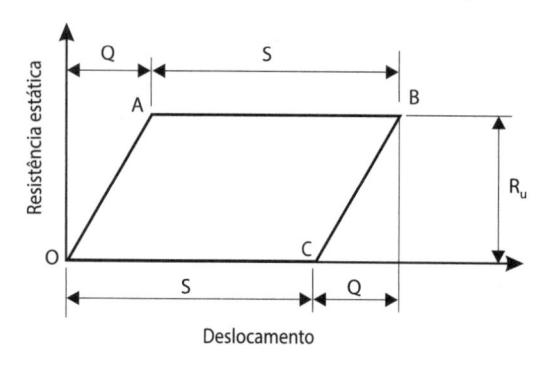

Fig. 5.11 *Modelo de Smith (1960) para a resistência estática*

Assim, a resistência total pode ser reescrita como:

$$R_t = R_u(1 + J_S \cdot v) \quad (5.23)$$

e a resistência estática, como:

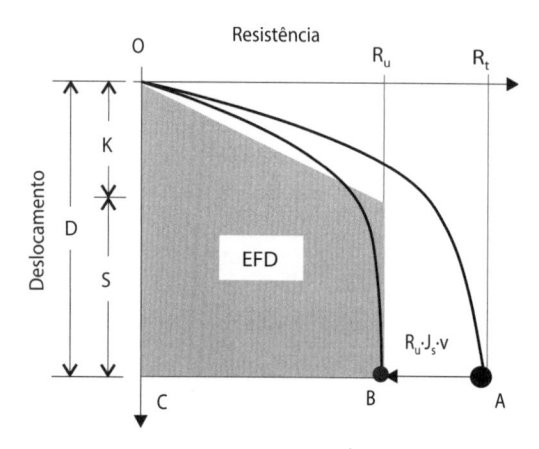

$$R_u = R_t - R_d \quad (5.24)$$

Fig. 5.12 *Transformação da curva de resistência total na curva de resistência estática*
Fonte: Aoki (1996).

Na Fig. 5.12, apresenta-se uma ilustração didática da transformação da curva de resistência total (OA) na curva de resistência estática (OB), descontando-se a parcela de resistência dinâmica. O diagrama EFD representa o modelo elastoplástico idealizado de Smith (1960).

Observando apenas a curva de resistência estática e o modelo de Smith, Aoki (1996) analisa a chamada fórmula de energia. Na Fig. 5.13, a energia de deformação do sistema, igual à área sob a curva OB, pode ser aproximada pela área hachurada EFD.

Pode-se deduzir, com facilidade, que a resistência estática (R_u) é dada por:

$$R_u = \frac{2EFD}{S + D} \quad (5.25)$$

De acordo com Aoki e Cintra (1997), o valor de EFD é uma porcentagem da energia cinética total EMX. Por isso, Aoki (1996)

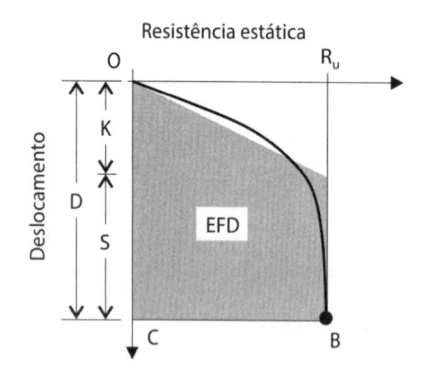

Fig. 5.13 *Modelo de Smith adaptado por Aoki (1996)*

propôs uma modificação dessa equação, que consiste na substituição de 2 por um fator ξ (zeta) variando, na prática, entre 1 e 2:

$$R_u = \frac{\xi EMX}{S + DMX} \quad (5.26)$$

em que o deslocamento máximo do topo da estaca DMX corresponde ao valor D da Fig. 5.5. (DMX e EMX são os símbolos tradicionalmente utilizados em provas de carga dinâmica, como será visto na próxima seção.)

Para a aplicação dessa fórmula de energia, é necessária uma instrumentação adequada no topo da estaca para se medir a energia cinética máxima EMX no momento do golpe de martelo. Não havendo instrumentação, esse valor pode ser estimado em função da eficiência do sistema de cravação (e_f):

$$EMX = e_f \cdot W \cdot h \quad (5.27)$$

A eficiência varia de acordo com o tipo de martelo, podendo-se admitir os seguintes valores (Gonçalves; Bernardes; Neves, 2007):
- queda livre: entre 40% e 60%.
- diesel: entre 30% e 60% (martelos existentes no Brasil).
- hidráulico: em torno de 80% (martelos existentes no Brasil).

5.6 Prova de carga dinâmica

O desenvolvimento do modelo numérico de Smith para a solução da equação da onda aplicada à cravação de estacas, bem como o desenvolvimento da eletrônica, que viabilizou o registro acurado de força e aceleração no topo da estaca durante o impacto da cravação, criou condições para o surgimento do ensaio conhecido como prova de carga dinâmica.

Em 1964, no Case Institute of Technology, em Cleveland, foi desenvolvido um sistema portátil para ser usado em campo na avaliação da capacidade de carga, por meio dos resultados da instrumentação de força e aceleração no topo da estaca durante o impacto de cravação (Likins; Hussein, 1988). Com a evolução tecnológica dos últimos cinquenta anos, esse sistema foi aperfeiçoado, e o seu modelo atual é capaz de transmitir dados por internet de banda larga, além de conter programas que chegam a simular o resultado de uma prova de carga estática na estaca ensaiada dinamicamente.

Na prova de carga dinâmica, cujo procedimento executivo é especificado pela NBR 13208 (ABNT, 2007), o comportamento da estaca submetida a um carregamento dinâmico é interpretado teoricamente com base na teoria da equação da onda, de modo a possibilitar a avaliação da capacidade de carga. Por meio da instrumentação utilizada na prova de carga dinâmica, também é possível verificar a integridade da estaca. Para comprovação de desempenho, a NBR 6122 (ABNT, 2010) admite que a prova de carga dinâmica substitua a de carga estática na proporção de cinco para uma, respeitando-se certos critérios.

O ensaio tradicional consiste na aplicação de um ciclo de impactos – normalmente dez golpes de energia aproximadamente constante de um martelo – no conjunto de amortecimento colocado sobre a estaca. A análise é feita para um carregamento, nesse caso um impacto representativo do ensaio cíclico.

5.6.1 Equipamento e instrumentação

O equipamento para a aplicação do carregamento dinâmico na estaca é o próprio bate-estacas usado para a cravação das estacas da obra. A aplicação do impacto é feita por um martelo caindo de uma altura de queda controlada, devendo ele estar centrado e posicionado axialmente em relação à estaca.

Para a obtenção da resposta da estaca ao impacto do martelo, são utilizados transdutores em uma seção da estaca acima da superfície do terreno. Transdutores de deformação específica e de aceleração (acelerômetros) são usados para a estimativa dos valores de força e deslocamento em uma seção no topo da estaca, durante a propagação da onda ao longo do fuste (descendente e ascendente). Para a determinação da força, é adotado o módulo de elasticidade dinâmico do material da estaca:

$$E = \rho c^2 \qquad (5.28)$$

em que ρ é a massa específica e c, a velocidade da onda. Seus valores para os materiais comumente usados na fabricação de estacas são apresentados na Tab. 5.2.

Conhecendo-se o módulo de elasticidade dinâmico e a deformação medida pelo transdutor instalado na estaca, obtém-se a força na seção instrumentada. Complementarmente, pela integração da aceleração medida pelos acelerômetros são obtidos a velocidade e o deslocamento do ponto instrumentado, durante o impacto. A Fig. 5.14 mostra o esquema de fixação dos transdutores de deformação e aceleração da Abef (2001).

Tab. 5.2 Propriedades físicas de materiais de estacas

Material	E (GPa)	ρ(kg/m^3)	c(m/s)
Aço	210	8.000	5.120
Concreto	23	2.500	3.000

Fonte: adaptado de Velloso e Lopes (2002).

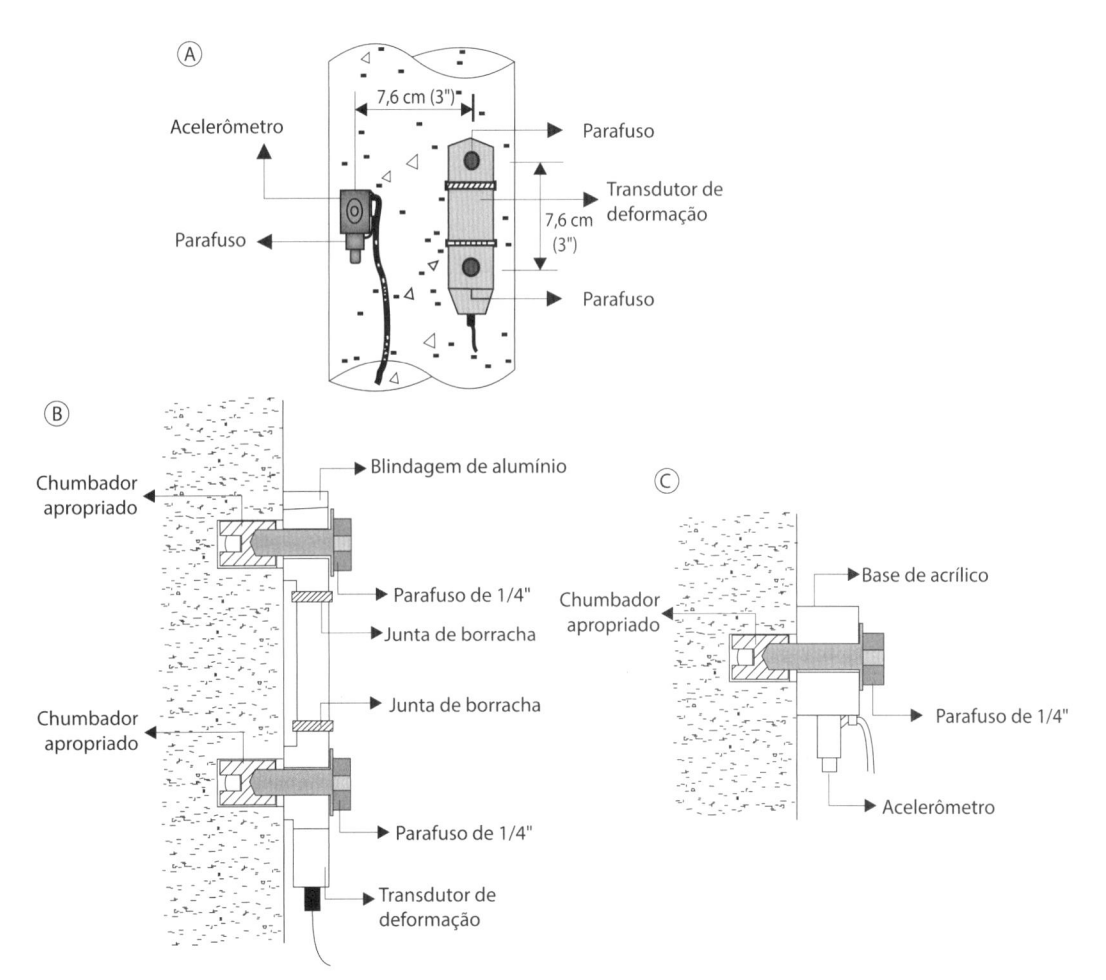

Fig. 5.14 Transdutores de deformação e aceleração: (A) detalhes de instalação dos transdutores; (B) vista lateral do transdutor de deformação; (C) vista lateral do acelerômetro
Fonte: Abef (2001).

Fig. 5.15 *Equipamento PDA fabricado pela empresa americana Pile Dynamics Inc.*
Fonte: PDI (2012).

Para a aquisição dos registros e o processamento dos sinais obtidos pela instrumentação, é utilizado um equipamento portátil denominado PDA (*pile driving analyser*). Os sinais obtidos são transferidos por meio de cabos conectados ao equipamento exibido na Fig. 5.15, que contém um processador que utiliza a teoria da propagação das ondas para calcular resultados de:

– força máxima no impacto (FMX);
– energia máxima no golpe (EMX);
– resistência estática mobilizada (RMX);
– deslocamento máximo da estaca durante o impacto (DMX);
– integridade da estaca;
– tensões máximas na estaca;
– eficiência do equipamento da cravação.

A verificação das tensões durante a cravação é fundamental, pois a estaca será danificada se o valor de tensão ultrapassar o seu valor de resistência estrutural.

5.6.2 Execução

Para a realização da prova de carga dinâmica em uma estaca, o primeiro passo é o preparo e a instrumentação da estaca. O topo da estaca deve estar plano para receber o impacto. A NBR 13208 (ABNT, 2007) prescreve que os transdutores devem ser instalados a uma distância mínima de 1,5 vez o diâmetro circunscrito do topo da estaca. Ela também recomenda que sejam utilizados, no mínimo, seis transdutores para a realização do ensaio dinâmico, sendo quatro de deformação específica, instalados a cada 90° em relação à circunferência da estaca, e dois acelerômetros, posicionados de forma simetricamente oposta (a cada 180°). Os transdutores são fixados por meio de chumbadores apropriados e parafusos, como mostrado na Fig. 5.15.

Após o término da montagem da instrumentação e conexão ao sistema registrador e processador de dados (PDA), inicia-se, por meio

V Prova de carga dinâmica

de golpes de martelo, o carregamento dinâmico da estaca. A Fig. 5.16 apresenta o esquema da prova de carga dinâmica.

Trata-se de um ensaio vantajoso quanto ao custo e a duração, o que possibilita a avaliação da capacidade de carga de uma maior amostra de estacas de uma obra. Isso é essencial para a caracterização da curva de distribuição das resistências, necessária para a estimativa da probabilidade de ruína da fundação, conforme abordado no Cap. 4.

Além disso, há casos em que o ensaio dinâmico constitui quase a única opção, como em obra *offshore*, por exemplo, ou no caso de estacas de capacidade de carga muito elevada.

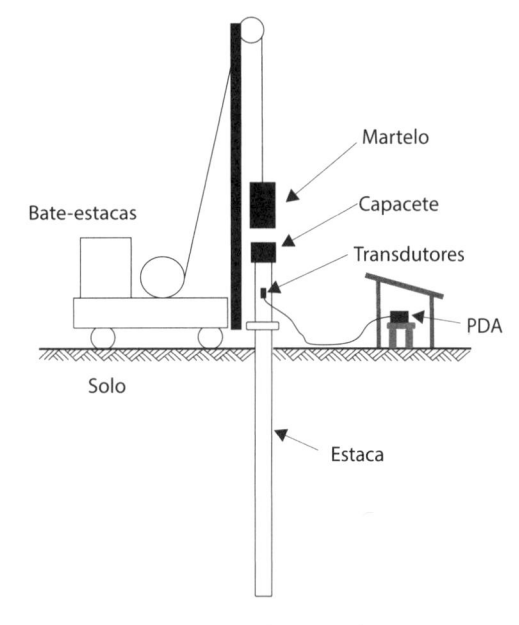

Fig. 5.16 *Representação da prova de carga dinâmica*

Outra importante vantagem da prova de carga dinâmica é que a capacidade de carga é inferida durante a própria cravação da estaca, o que torna possível uma intervenção imediata caso a resistência obtida não atenda ao previsto no projeto.

A prova de carga dinâmica pode ser realizada tanto ao final da cravação de uma estaca como em posteriores recravações. Assim, ela constitui um instrumento valioso para a avaliação de cicatrização (*set-up*) e relaxação, respectivamente a recuperação e a perda de resistência que ocorrem em certos solos com a cravação de estacas.

A prova de carga dinâmica também pode ser realizada em estacas moldadas *in loco*, respeitado o prazo mínimo de sete dias da sua execução, segundo a NBR 13208 (ABNT, 2007). Nesse caso, para suportar os golpes de martelo, é necessário preparar a cabeça das estacas através de um bloco de concreto armado, onde são instalados os transdutores de deformação e os acelerômetros.

A prova de carga dinâmica apresenta a vantagem de possibilitar a obtenção separada das parcelas de resistência lateral e de ponta do sistema estaca-solo. Além disso, ela permite a verificação da integridade da estaca (ver seção 5.6.6).

5.6.3 Interpretação dos resultados

Os sinais coletados em campo são interpretados, na seção instrumentada, ao longo do tempo da propagação da onda, como curvas de força, velocidade × impedância, *wave up*, *wave down*, deslocamento, e energia.

Quando a onda viaja no sentido descendente, cada vez que é oferecida resistência ao longo da estaca ela é refletida no sentido ascendente. Como a onda de força medida na seção instrumentada é a sobreposição da onda descendente com a onda ascendente, a curva de força afasta-se da curva velocidade × impedância após o momento de máxima intensidade do impacto ($t = t_1$) (Fig. 5.17).

Se não houvesse resistência do solo ao longo da estaca, as duas curvas dessa figura estariam sobrepostas até o tempo $t_2 = t_1 + 2L/c$. No entanto, como existe resistência por causa do solo que envolve a estaca, as curvas de força e de velocidade × impedância afastam-se, e pela diferença é definida a resistência por atrito lateral que provocou as ondas refletidas. Após o tempo $2L/c$, entretanto, a diferença decorre também da resistência de ponta da estaca.

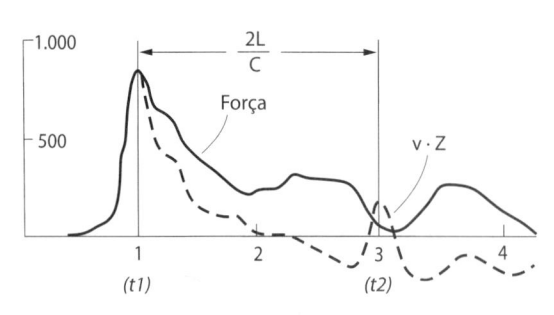

Fig. 5.17 *Registro típico de força e de velocidade × impedância*

Fonte: Velloso e Lopes (2002).

Para a avaliação da qualidade do sinal da instrumentação utilizada na prova de carga dinâmica, verifica-se se a curva velocidade × impedância coincide com a curva de força no momento do impacto ($t = t_1$), como mostrado na Fig. 5.17. Obviamente, os sinais são considerados satisfatórios quando essas curvas se sobrepõem no início da onda, que corresponde à seção da estaca que não está envolvida pelo solo (não apresenta resistência) e em que as curvas devem ser coincidentes.

Se a resistência de ponta da estaca for pequena ou nula, a onda refletida é de tração e soma-se à onda descendente, de modo que a velocidade aumenta e a força diminui ao longo do tempo $2L/c$. No caso contrário, de estaca com a resistência de ponta elevada, a onda refletida é de compressão, o que provoca o aumento do sinal da força e diminui o sinal da velocidade. Esses exemplos são ilustrados na Fig. 5.18, em que a estaca com ponta livre representa a estaca sem resistência de ponta, e a estaca com ponta engastada, a estaca com resistência de ponta.

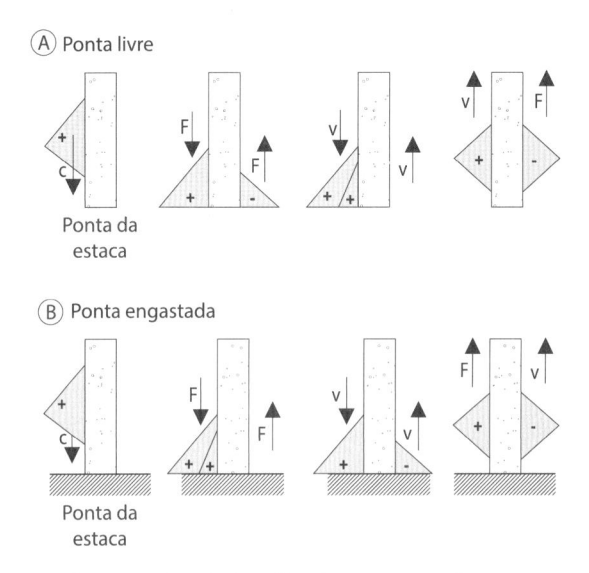

Fig. 5.18 *Ondas de força e velocidade refletidas na ponta da estaca*
Fonte: Foá (2001).

De acordo com a PDI (2012), a superposição das ondas só é razoavelmente correta se:
– a estaca for uniforme e elástica;
– a estaca não tiver fissuras;
– a onda não se alterar significantemente entre a região instrumentada e o local de máxima tensão.

Os resultados obtidos na prova de carga dinâmica podem ser interpretados pela teoria da equação da onda usando-se dois métodos distintos: CASE (desenvolvido no Case Institute of Technology) e CAPWAP (*case pile wave analysis program*).

De acordo com a NBR 13208, "os dados obtidos e processados pelo método simplificado do tipo CASE devem ser confirmados e calibrados por meio de análise numérica rigorosa, do tipo CAPWAP, e/ou por uma prova de carga estática" (ABNT, 2007).

Para assegurar a representatividade dos resultados, essa mesma norma recomenda a realização da prova de carga dinâmica "em pelo menos 5% das estacas da obra e no mínimo três ensaios; para cada estaca ensaiada deve ser processada pelo menos uma análise tipo CAPWAP" (ABNT, 2007).

5.6.4 Método CASE

O CASE é um método simplificado que possibilita a estimativa imediata da resistência estática para uma estaca submetida ao impacto dinâmico, por meio da interpretação das medidas de força e velocidade em seu topo. Ele foi elaborado usando-se a solução fechada da equação da onda por intermédio de correlações empíricas com resultados de provas de carga estática.

A resistência à penetração da estaca (R_t) é estimada, nesse método, pela soma da resistência de ponta (R_p) e por atrito lateral ao longo da estaca (R_L), supondo-se que todas as reflexões da onda decorram da resistência do solo e que o atrito mobilizado seja igual para as ondas descendentes e ascendentes. A Fig. 5.19 ilustra o afastamento das curvas de força (F) e de velocidade vezes impedância ($v \cdot Z$), o que indica a ocorrência de resistência por atrito lateral (R_L) ao longo do fuste da estaca.

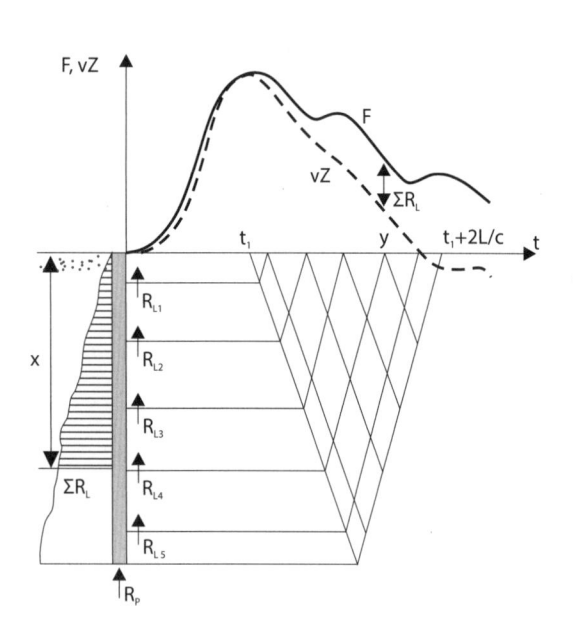

Fig. 5.19 *Registros de força e de velocidade vezes impedância e sua relação com o comprimento da estaca e as resistências encontradas*
Fonte: Velloso e Lopes (2002).

Por meio da análise das ondas incidentes e refletidas, considera-se que a resistência total mobilizada no golpe de martelo é obtida pela equação:

V Prova de carga dinâmica

$$R_t = R_p + \Sigma \ R_L = \frac{1}{2}[F(t_1) + F(t_2)] + \frac{1}{2}Z \cdot [v(t_1) - v(t_2)] \quad (5.29)$$

em que:
t_1 – tempo de maior intensidade do golpe;
$t_2 = t_1 + 2L/c$;
$F(t_1)$ e $v(t_1)$ – força e velocidade no tempo t_1;
$F(t_2)$ e $v(t_2)$ – força e velocidade no tempo t_2.

Nesse método, foi adotada a hipótese de Smith (1960), pela qual a resistência total à penetração da estaca (R_t) é composta por uma parcela estática (R_u) e outra dinâmica (R_d). Por simplificação do CASE, a parcela dinâmica é proporcional à velocidade na ponta da estaca (v_p), sendo essa proporção representada por um fator de amortecimento (J_c) que depende do solo da ponta da estaca:

$$R_d = J_c \cdot Z \cdot v_p \quad (5.30)$$

em que:
v_p – velocidade da ponta da estaca = $(2F\downarrow - R_p)/Z$;
Z – impedância = EA/c.

Assim, a resistência estática resulta em:

$$R_u = R_t - J_c \cdot Z \cdot v_p \quad (5.31)$$

Na Tab. 5.3 são apresentados os valores de J_c sugeridos por Rausche, Goble e Likins (1985).

Tab. 5.3 Valores de J_c sugeridos por Rausche, Goble e Likins (1985)

Tipo de solo	Variação de J_c	Valor sugerido de J_c
Areia	0,05 - 0,20	0,05
Areia siltosa ou silte arenoso	0,15 - 0,30	0,15
Silte	0,20 - 0,45	0,30
Argila siltosa ou silte argiloso	0,40 - 0,70	0,55
Argila	0,60 - 1,10	1,10

5.6.5 Método CAPWAP

Para a aplicação do método CAPWAP, o sistema estaca-solo é modelado de acordo com a proposição de Smith (1960) e com base no perfil geotécnico do local em que a estaca está instalada. Após o ensaio, utilizando-se as medidas registradas de força e velocidade na cabeça da estaca, o sistema estaca-solo modelado é comparado com os resultados de força ou velocidade medidos. A modelagem do sistema é ajustada para coincidir com as respostas medidas, e o resultado desse ajuste é assumido como a resistência real. Para esse procedimento, utiliza-se o programa de computador CAPWAP.

Quanto melhor for o ajuste entre as curvas, maior será a precisão do valor de resistência estática (R_u). A análise do CAPWAP constitui um processo iterativo no qual os parâmetros da estaca (conhecidos) e do solo (assumidos) devem ser adotados para a modelagem inicial. Nesse processo, pode-se utilizar tanto os registros de força quanto os de velocidade como função imposta para a verificação dos parâmetros. Na Fig. 5.20 é exemplificada a sequência de ajuste de um sinal pelo método CAPWAP.

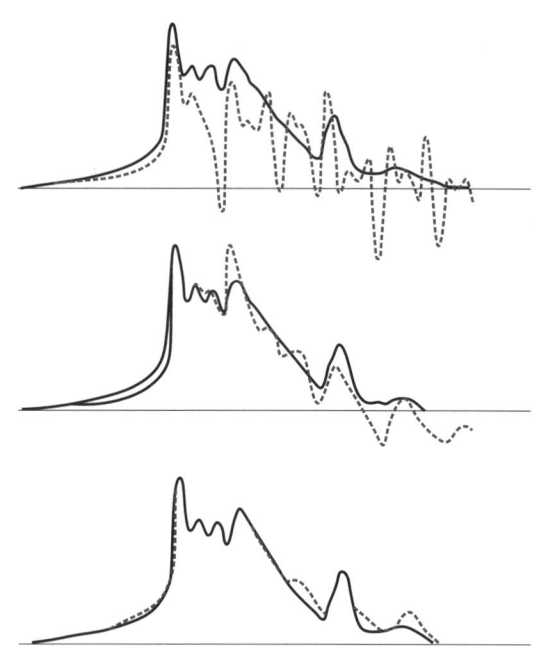

Fig. 5.20 *Sequência de ajuste de um sinal pelo método CAPWAP: linha cheia = sinal medido; linha tracejada = solução pela equação da onda*
Fonte: Velloso e Lopes (2002).

A Fig. 5.21 mostra um resultado típico da análise CAPWAP para um golpe de uma prova de carga dinâmica. Na Fig. 5.21A, é comparada a força medida com a força calculada na seção instrumentada. Na Fig. 5.21B, são mostradas as curvas de força e de velocidade obtidas pelo PDA no campo. Já na Fig. 5.21C, são mostradas as curvas carga × recalque na cabeça e na ponta da estaca, que simulam o resultado de uma prova de carga estática. Por fim, na Fig. 5.21D são apresentados o gráfico de barras referente à distribuição de resistência por atrito lateral e o diagrama de esforços normais ao longo da estaca.

5.6.6 Controle da integridade da estaca

Segundo Rausche e Goble (1979), inicialmente as medidas de força e aceleração na cabeça da estaca processadas pelo PDA eram

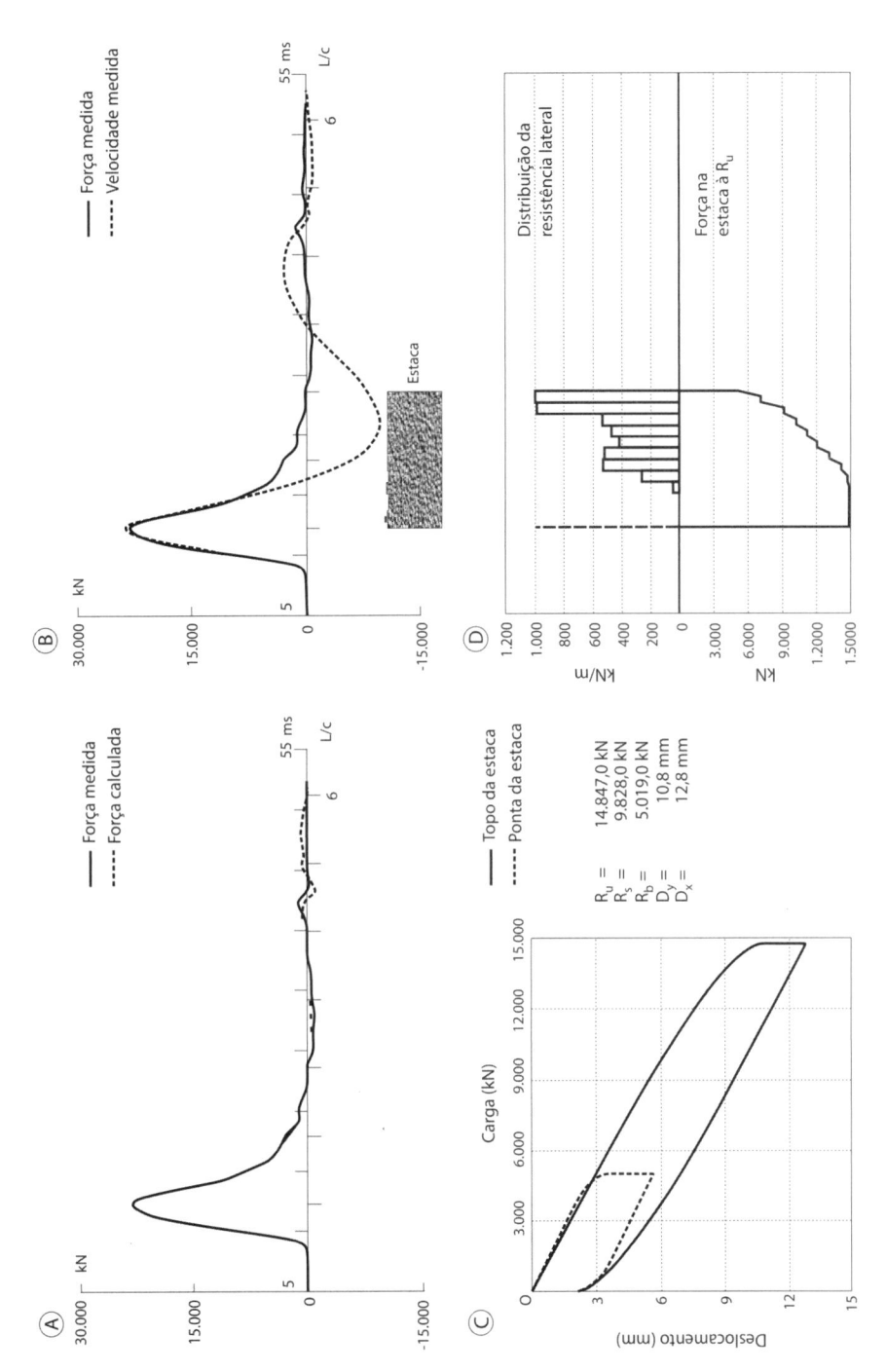

Fig. 5.21 *Resultado típico de análise CAPWAP após iteração: (A) comparação da força medida com a força calculada na seção instrumentada; (B) curvas de força e de velocidade obtidas pelo PDA no campo; (C) curvas carga × recalque na cabeça e na ponta da estaca; (D) gráfico de barras referente à distribuição de resistência por atrito lateral e diagrama de esforços normais ao longo da estaca*

empregadas para avaliação da capacidade de carga, verificação dos parâmetros de eficiência dos martelos de cravação e determinação das características da resistência do solo. No entanto, com essas medidas de força e aceleração também é possível detectar descontinuidades ou reduções em uma seção qualquer da estaca.

Essa verificação da integridade do fuste da estaca pode ser feita por meio dos registros de força e velocidade obtidos no PDA. Quando a onda sofre uma reflexão ao encontrar uma variação de impedância (possível dano), é causada uma mudança na força e na velocidade medida no topo da estaca.

Quando existe uma diminuição na seção da estaca em uma profundidade x, é gerada uma onda de tração antes da ponta da estaca, que é sobreposta à onda inicial. Como resultado, após um intervalo de tempo $2x/c$, a velocidade aumenta e a força diminui no topo da estaca.

Um exemplo de caso de estaca danificada é apresentado na Fig. 5.22, em que se nota que as curvas de força e de velocidade × impedância estão sobrepostas no momento do impacto. Porém, um pouco antes da profundidade de 16,5 m da estaca, essas curvas se convergem, e a curva da velocidade cruza a curva de força até atingir um pico. A força diminui nesse momento e forma uma depressão na curva. Essa redução no valor da força e o aumento da velocidade no topo da estaca são características típicas de variação na impedância ou de dano na estaca, e a profundidade do dano (16,5 m) é relativa ao tempo de pico de velocidade ($t = 2x/c = 8,6$ ms).

O PDA calcula um fator de integridade com base na alteração da impedância. Esse fator de integridade, chamado de β, fornece uma medida relativa da redução da área da seção transversal no local de dano. Segundo Rausche e Goble (1979), o valor do fator de integridade (β) é calculado pela seguinte equação:

$$\beta = \frac{1-\alpha}{1+\alpha} \qquad (5.32)$$

com:

$$\alpha = \frac{\Delta_u}{2(F_i - \Delta_R)} \qquad (5.33)$$

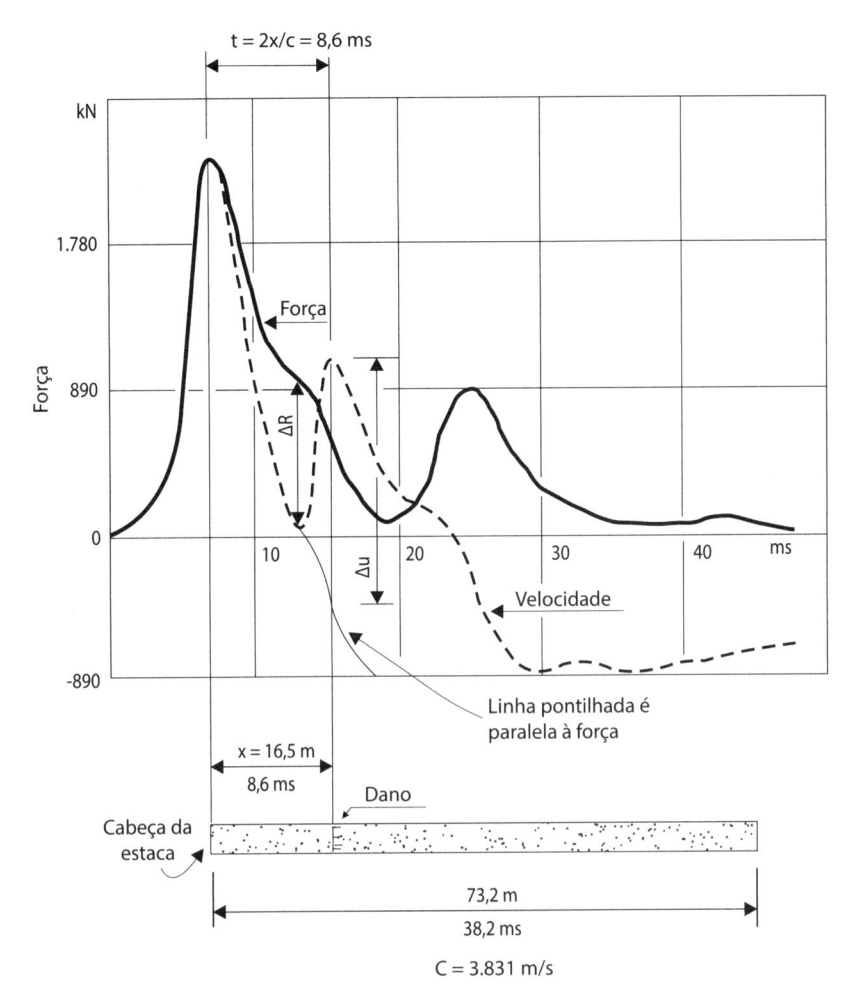

Fig. 5.22 *Exemplo de registro de um problema na integridade da estaca pelo PDA*
Fonte: modificado de Rausche e Goble (1979).

em que:

Δ_u – aumento na velocidade × impedância por causa do dano da estaca (Fig. 5.22);

F_i – força no impacto;

Δ_R – decréscimo total da força no impacto em razão do atrito lateral acima do dano (Fig. 5.22).

Os valores de β indicam, de acordo com a Tab. 5.4, o nível do dano na estaca.

TAB. 5.4 Nível do dano na estaca

β	Nível do dano
1,0	Íntegra
0,8 - 1,0	Levemente danificada
0,6 - 0,8	Danificada
Abaixo de 0,6	Quebrada

Fonte: Rausche e Goble (1979).

5.6.7 A revolução da energia crescente

Aoki (1989a) apresenta um novo conceito para a prova de carga dinâmica: a utilização de energia crescente nos sucessivos golpes em vez da energia constante do ensaio tradicional. Nessa nova modalidade de prova de carga dinâmica, aplica-se uma série de golpes do martelo de peso W caindo de alturas H crescentes, geralmente múltiplas de 10 cm ou 20 cm.

Na prova de carga dinâmica com energia constante, o impacto na cabeça da estaca corresponde a um par de valores R_t e D, que representam, respectivamente, a resistência à cravação e o deslocamento máximo correspondente. E, com a hipótese implícita de estar na condição de ruptura, obtém-se um valor de resistência estática (R_u) comparável à capacidade de carga R de uma prova de carga estática.

Mas, em 1987, um caso de obra com estacas de 1,40 m de diâmetro propiciou a descoberta. Como a prova de carga dinâmica apontou R_u de 5.800 kN, menos da metade do valor esperado de capacidade de carga de 12.000 kN, decidiu-se pela realização da prova de carga estática, que indicou 14.000 kN (valor extrapolado por Van der Veen). Intrigado com essa discrepância inaceitável entre os ensaios dinâmico e estático, o engenheiro Nelson Aoki observou que um R_u de 5.000 kN, com o seu correspondente deslocamento D de 25 mm, coincidia com um ponto intermediário da curva carga × recalque da prova de carga estática. Disso ele concluiu que o valor R_u pode estar bem aquém da ruptura e representar apenas a resistência estática mobilizada para aquela energia aplicada, o que o levou à concepção inovadora de variar a energia aplicada. Nascia assim a prova de carga dinâmica com energia crescente, com vantagem suficiente para praticamente substituir o ensaio com energia constante.

Da teoria à prática, Aoki passou imediatamente a realizar o novo ensaio e a divulgá-lo em artigos e palestras. Depois, em 1997, foi tema de sua tese de doutorado (Aoki, 1997) e, em 2000, de sua *keynote lecture* no Stress-Wave (Aoki, 2000), o mais importante congresso internacional da área. A energia crescente passou a ser utilizada cada vez mais no Brasil e foi incluída na revisão de 2007 da NBR 13208 (ABNT, 2007). Na literatura internacional, encontramos diversas publicações sobre a utilização de energia crescente, inclusive uma tese de doutorado na Noruega, de autoria do professor brasileiro George de Paula Bernardes (Bernardes, 1989), a pioneira sobre o tema. Voltando ao âmbito da energia constante, tivemos teses brasileiras desde o início da década de 1980, como a de Niyama (1983), por exemplo, autor que publicou várias outras contribuições a esse tema.

Com esse novo conceito, passou-se a interpretar que, na prova de carga com energia constante, se obtém apenas um ponto de uma curva de resistência estática mobilizada *versus* deslocamento (Fig. 5.23A), enquanto na modalidade com energia crescente obtém-se uma série de pontos que permitem o traçado dessa curva (R_{mob} x D) (Fig. 5.23B), semelhante à curva carga × recalque de uma prova de carga estática.

Essa figura é bem didática para esclarecer duas questões:

1) No ensaio com energia constante, por haver um único ponto, é imposto o modo de ruptura nítida (definido no Cap. 4), com a curva passando por esse ponto (o ponto A na Fig. 5.23A), que é oriundo da análise de um dos golpes, em que D é o deslocamento provocado por esse golpe; os demais golpes resultariam em pontos praticamente coincidentes com A. Todavia, se inadvertidamente considerarmos deslocamentos acumulados desde o golpe inicial, teremos pontos com praticamente o

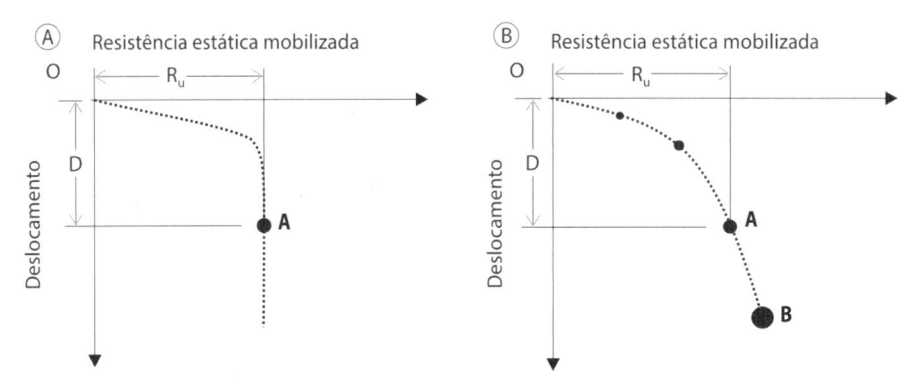

Fig. 5.23 *Curva de resistência estática mobilizada × deslocamento: prova de carga com (A) energia constante e (B) energia crescente*

mesmo valor de R_u formando um segmento de reta vertical e, assim, induzindo ao erro de uma ruptura nítida.

2) No ensaio com energia crescente, obtemos vários pontos, com resistências mobilizadas menores ou iguais às relativas ao ponto A e também maiores, como o ponto B. Com todos esses pontos, temos uma curva de resistência estática mobilizada × deslocamento do tipo aberta, sem caracterização de ruptura, à semelhança do que se viu no Cap. 4.

Como a curva aberta é a mais comum (raramente se tem ruptura nítida), é imperfeita a solução, muitas vezes apregoada, de realizar o ensaio de energia constante com um martelo suficientemente pesado para mobilizar a máxima resistência estática do sistema estaca-solo. Por outro lado, é ilusória a expectativa de que, com a energia crescente, se conseguiria mobilizar a resistência estática máxima.

O verdadeiro apelo do ensaio com energia crescente é a obtenção da curva de resistência estática mobilizada × deslocamento, que pode ser interpretada à semelhança do que se viu na prova de carga estática, com as possibilidades de extrapolação para a determinação da ruptura e/ou a aplicação de um critério de ruptura convencional.

A NBR 13208 (ABNT, 2007) aceita os dois procedimentos para a prova de carga dinâmica, com energia constante e com energia crescente, sem alertar para a ampla vantagem do segundo.

Aoki (1996) também propõe energia crescente para o registro de nega e repique, aumentando-se gradativamente a altura de queda do martelo. Na Fig. 5.24, é mostrado um exemplo de medidas de nega e repique resultantes de golpes de martelo aplicados com crescentes alturas de queda H, variando de 10 cm a 120 cm.

Em seguida, com os valores estimados de resistência estática mobilizada por fórmula dinâmica, bem como com os correspondentes valores de deslocamento máximo para os golpes com energia crescente, torna-se possível traçar a curva de resistência mobilizada ×

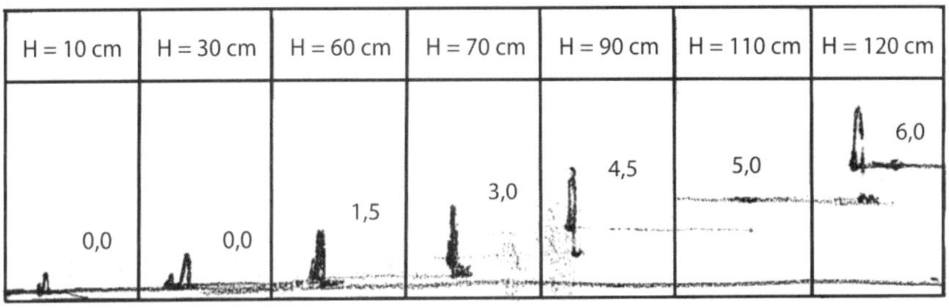

H = 10 cm	H = 30 cm	H = 60 cm	H = 70 cm	H = 90 cm	H = 110 cm	H = 120 cm
0,0	0,0	1,5	3,0	4,5	5,0	6,0

Fig. 5.24 *Boletim de campo com registros de nega e repique com energia crescente*

deslocamento. Na interpretação dessa curva, para a estimativa da resistência estática (R_u), pode-se usar, por exemplo, o critério de ruptura convencional da NBR 6122 (ABNT, 2010) ou mesmo o critério de Davisson, ambos citados no Cap. 4.

Com energia crescente, observamos, em um ensaio que atinge a ruptura nítida, que os valores de repique aumentam com a energia aplicada, mas até certo nível, a partir do qual o valor do repique torna-se praticamente constante. A nega, por sua vez, é quase nula para os golpes iniciais, mas, depois, atinge valores cada vez maiores.

5.7 Ensaio de integridade (PIT)

As estacas pré-fabricadas podem ser danificadas pelas tensões geradas em sua cravação, enquanto as estacas escavadas e as do tipo hélice contínua podem apresentar danos estruturais em razão de problemas de execução, como estrangulamento de fuste, por exemplo.

Diante da impossibilidade de se verificar a integridade de todas as estacas de uma obra com o uso do PDA, foi desenvolvido um ensaio não destrutivo exclusivo para essa finalidade, denominado PIT (*pile integrity tester*), também conhecido como *ensaio de integridade de baixa deformação*, com base na interpretação da onda de tensão gerada por golpes na cabeça da estaca.

Para a realização do ensaio PIT, primeiramente deve ser eliminado, se necessário, o concreto de má qualidade na cabeça da estaca. Após essa etapa, é instalado um acelerômetro no topo da estaca

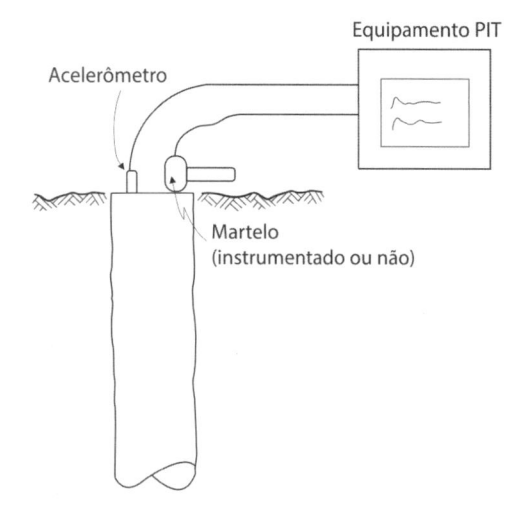

Fig. 5.25 *Esquema do ensaio PIT*
Fonte: Rausche, Likins e Ren-Kung (1992).

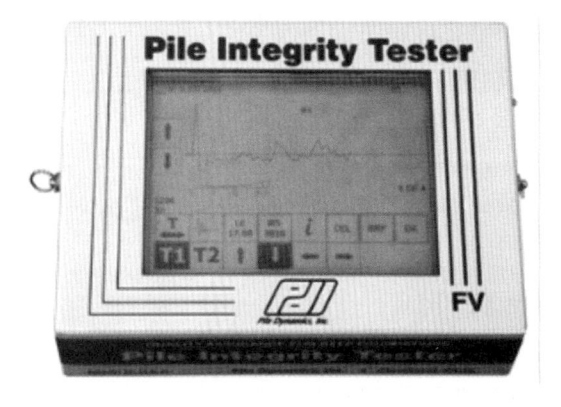

Fig. 5.26 *Equipamento PIT*
Fonte: PDI (2012).

(Fig. 5.25), que é fixado por meio de uma cera especial, e em seguida são aplicados golpes com um martelo, de massa entre 0,5 kg e 5 kg, de acordo com o tamanho da estaca a ser testada, segundo Rausche, Likins e Ren-Kung (1992). Os sinais obtidos no acelerômetro são interpretados em um microcomputador (equipamento PIT) (Fig. 5.26).

No PIT, a integridade da estaca é analisada pela variação da impedância ao longo do fuste, a qual pode ser avaliada pela variação do sinal da velocidade, como comentado anteriormente.

O impacto do martelo gera uma onda que viaja ao longo do fuste da estaca e que é refletida em razão de mudanças nas condições do fuste, como variação da seção ou descontinuidades. Mudanças na seção da estaca, densidade e módulo de elasticidade do concreto afetam a impedância na direção em que a onda viaja e causam reflexões na onda de tensão que se propagam em direção ao topo da estaca.

De acordo com Paikowsky e Chernauskas (2003), as ondas de tensão refletidas podem retornar em compressão ou tração, dependendo do tipo de mudança na impedância. A Fig. 5.27 ilustra a relação entre as variações de impedância da estaca (Z_1 e Z_2), a onda de velocidade e as reflexões registradas na superfície. A onda refletida da tração indica diminuição da impedância, e a de compressão, aumento na impedância. Pelo tempo transcorrido entre o golpe e a chegada da reflexão, determina-se a localização da variação de impedância na estaca.

Likins et al. (2000) comentam que uma mudança significativa no sinal de velocidade pode ser atribuída a mudanças na impedância,

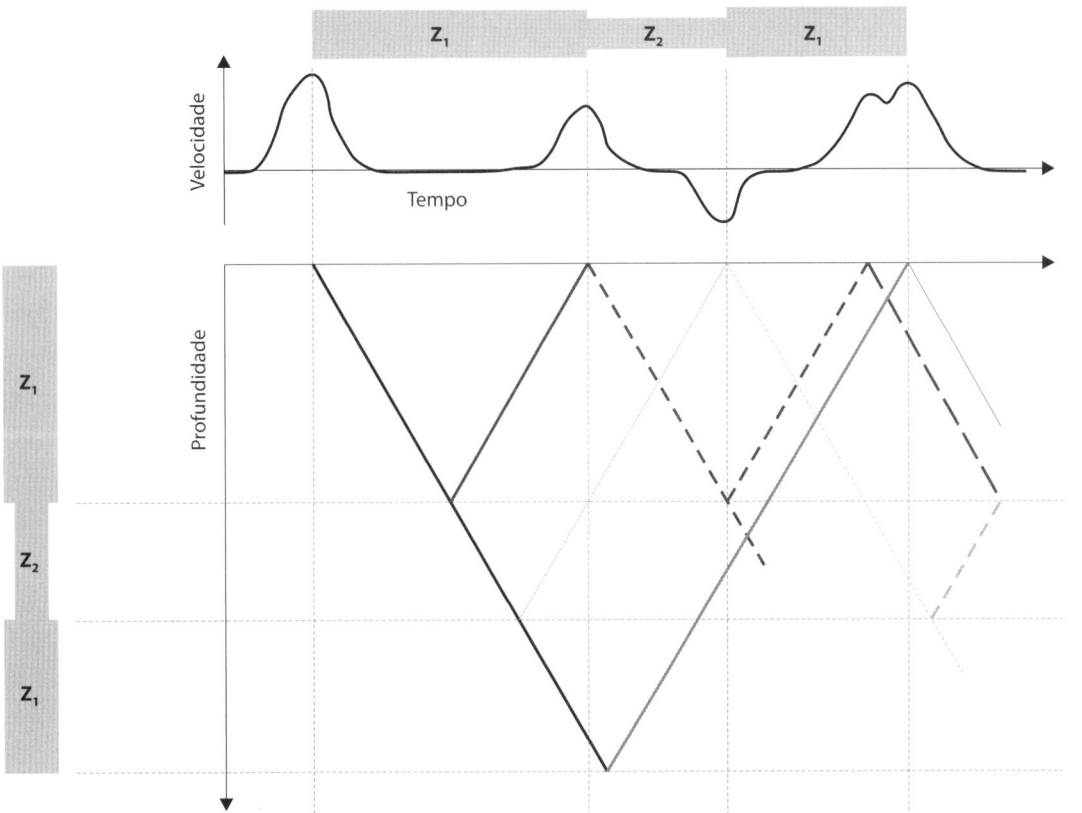

Fig. 5.27 *Propagação e reflexão da onda versus tempo e velocidade*
Fonte: Paikowsky e Chernauskas (2003).

mas que variações pequenas no sinal de velocidade são causadas pela resistência do solo ao redor da estaca. A Fig. 5.28 mostra um exemplo de resultado do sinal de velocidade obtido no PIT, tanto em uma estaca danificada como em uma não danificada.

Segundo Gonçalves, Bernardes e Neves (2007), o PIT apresenta boa correlação com resultados de investigação visual do fuste e com sondagens rotativas usadas para avaliar a integridade da estaca, além da vantagem de ser um ensaio barato e rápido (em um único dia é possível ensaiar, em média, de 50 a 60 estacas).

Esses autores ainda alertam que eventuais anomalias encontradas no PIT nem sempre comprometem a utilização da estaca; que a detecção de variação de seção, peso específico ou módulo de elasticidade da estaca ao longo do fuste é possível até comprimentos

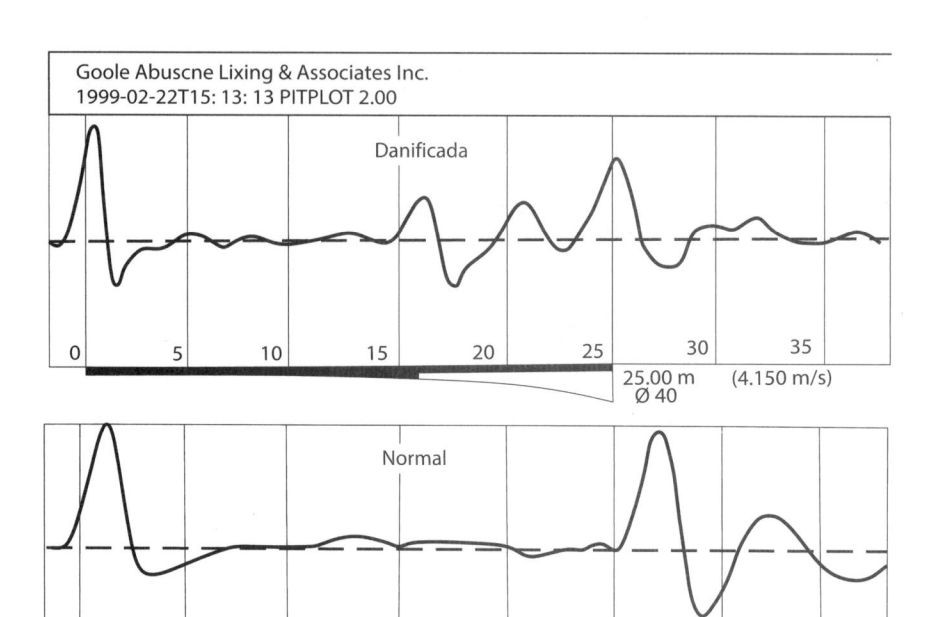

Fig. 5.28 *Registro de velocidade no ensaio PIT de uma estaca danificada e de uma estaca normal*
Fonte: Likins et al. (2000).

de 30 a 50 vezes o diâmetro; e que não é possível detectar outros danos localizados abaixo do primeiro grande dano na estaca.

Exercícios resolvidos

Exercício 1

Para a fundação de uma ponte, foram utilizadas as estacas de madeira descritas por Miná (2005). A Tab. 5.5 mostra os resultados de RMX e DMX (respectivamente resistência estática máxima mobilizada e deslocamento máximo no golpe) obtidos pelo método CASE na prova de carga dinâmica com energia crescente realizada na estaca E_{11} da obra. Nessa tabela também são apresentados os resultados, medidos com papel e lápis, de nega e repique (durante a prova de carga), bem como os valores de R_{mob} (resistência mobilizada no golpe) estimados com base na fórmula de Chellis (1951).

Estimar os valores de capacidade de carga da estaca E_{11} com base nos valores medidos pela prova de carga e pelas medidas de nega e repique obtidas manualmente. Os dados da estaca são mostrados na Tab. 5.5.

TAB. 5.5 Resultados dos ensaios na estaca E_{11}

Golpe	Altura de queda do martelo	Prova de carga dinâmica (resultados do método CASE)			Medidas de repique e nega na folha		
	H (m)	RMX (kN)	S(mm)	DMX(mm)	K(mm)	S(mm)	R_{mob}(kN)*
1	0,2	280	0,4	2,5	4,5	0	199
2	0,4	480	0,5	4,3	5	0	323
3	0,6	570	0,6	5,9	5,5	0	448
4	0,8	660	1	7,7	6	1	572
5	1,0	630	1,5	8,9	6,5	2	696
6	1,2	690	2	10,2	6,5	3	696
7	1,4	680	3	11,6	6,5	4	696

Diâmetro médio = 33,1 cm

Comprimento cravado = 10,25 m

Comprimento total da estaca = 11,15 m

*Valores estimados com base em Chellis (1951).

Primeiramente são traçados dois gráficos (Fig. 5.29): RMX *versus* DMX, da prova de carga dinâmica, e R_{mob} *versus* $(K + S)$, resultante da aplicação do método de Chellis (1951) e das medidas registradas no papel (considera-se que DMX = $K + S$ e que RMX = R_{mob}).

Dessas curvas, conclui-se que os valores da resistência estática (R_u) em E_{11} obtidos pela prova de carga dinâmica e pela fórmula de Chellis (1951) são próximos, em torno de 700 kN.

Exercício 2

Usando a fórmula de Chellis (1951), calcular o valor da resistência estática mobilizada em um dos golpes aplicados na estaca pré-moldada de concreto descrita a seguir, durante o controle de cravação com registros de nega e repique com energia crescente. O objetivo, nesse ensaio, é obter os valores de resistência estática mobilizada (R_{mob}) para cada nível de energia aplicada, variando-se a altura de queda para que seja traçada uma curva R_{mob} *versus* $K + S$ como a

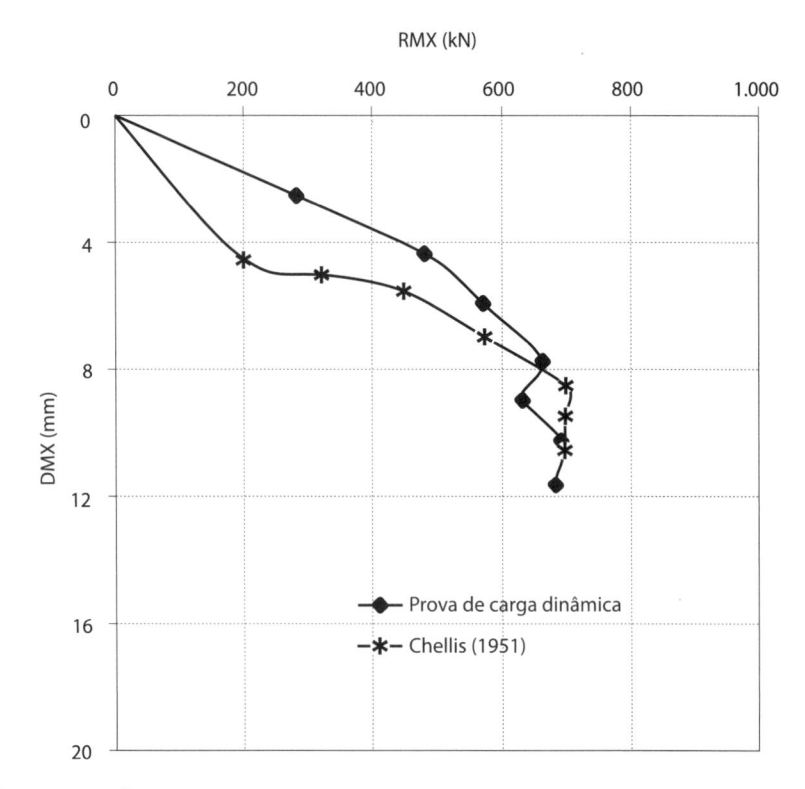

Fig. 5.29 *Gráficos RMX versus DMX*

obtida no Exercício 1, e com base nessa curva estimar a carga de ruptura.

Dados:

Estaca pré-moldada de concreto com diâmetro de 23 cm, seção transversal cheia, cravada em areia siltosa

Área da seção $A = 0{,}0415\,\text{m}^2$

Módulo de elasticidade da estaca $E_c = 26\,\text{GPa}$

Comprimento $L = 8{,}8\,\text{m}$

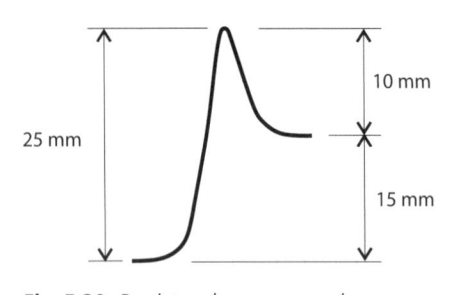

Fig. 5.30 *Registro de nega e repique*

Na Fig. 5.30, tem-se o registro de nega e repique no golpe na folha de papel colada na estaca.

$\alpha = 0{,}7$ (valor adotado)

$C_3 = 5{,}0\,\text{mm}$ (Souza Filho; Abreu, 1990)

$C_2 = K - C_3 = 10{,}0 - 5{,}0 = 5{,}0\,\text{mm}$

Pela fórmula de Chellis:
$$R_{mob} = \frac{E \cdot A \cdot C_2}{\alpha \cdot L}$$

R_{mob} no golpe $= (26.000.000 \times 0,0415 \times 0,005)/(0,7 \times 8,8) \approx 880$ kN

Exercício 3

Calcular a resistência estática mobilizada no golpe do Exercício 2 por meio da fórmula da energia modificada:

$$R_{mob} = \frac{\zeta \cdot EMX}{S + DMX}$$

Do Exercício 2:
$S = 15$ mm
$DMX = S + K = 15 + 10 = 25$ mm
Adota-se $\zeta = 1,5$.
Dados do golpe:
Peso do martelo $= 30$ kN
Altura de queda $= 1,6$ m
Martelo de queda livre, eficiência adotada $= 0,4$

Logo:
$$EMX = e_f WH = 0,4 \times 30 \times 1,6 = 19,2 \text{ kN} \cdot \text{m}$$

$$R_{mob} = \frac{1,5 \times 19,2}{0,015 + 0,025} = 720 \text{ kN}$$

Referências bibliográficas

ABEF - ASSOCIAÇÃO BRASILEIRA DE EMPRESAS DE ENGENHARIA DE FUNDAÇÕES E GEOTECNIA. *Manual de carregamento dinâmico*. E01, Revisão 4.3, 2001-10. 2001. 22 p. Disponível em: <www.abef.org.br/docs/ensaio-carregamento.doc>.

ABNT - ASSOCIAÇÃO BRASILEIRA DE NORMAS TÉCNICAS. NBR 12069: solo - ensaio de penetração de cone *in situ* (CPT) - método de ensaio. Rio de Janeiro, 1991. 11 p.

ABNT - ASSOCIAÇÃO BRASILEIRA DE NORMAS TÉCNICAS. NBR 6484: solo - sondagens de simples reconhecimento com SPT - método de ensaio. Rio de Janeiro, 2001. 17 p.

ABNT - ASSOCIAÇÃO BRASILEIRA DE NORMAS TÉCNICAS. NBR 8681: ações e segurança nas estruturas - procedimento. Rio de Janeiro, 2003. 15 p.

ABNT - ASSOCIAÇÃO BRASILEIRA DE NORMAS TÉCNICAS. NBR 12131: estacas - prova de carga estática - método de ensaio. Rio de Janeiro, 2006. 8 p.

ABNT - ASSOCIAÇÃO BRASILEIRA DE NORMAS TÉCNICAS. NBR 13208: estacas - ensaio de carregamento dinâmico - método de ensaio. Rio de Janeiro, 2007. 12 p.

ABNT - ASSOCIAÇÃO BRASILEIRA DE NORMAS TÉCNICAS. NBR 6122: projeto e execução de fundações. Rio de Janeiro, 2010. 91 p.

ALONSO, U. R. Prova de carga estática em estacas (uma proposta para revisão da norma NBR 12131). *Solos e Rochas*, São Paulo, v. 20, n. 1, p. 47-59, abril 1997.

AOKI, N. *Considerações sobre a capacidade de carga de estacas isoladas*. Curso de Extensão Universitária em Engenharia de Fundações, Universidade Gama Filho, Rio de Janeiro, 1976. 44 p.

AOKI, N. *Considerações sobre projeto e execução de fundações profundas*. Palestra proferida no Seminário de Fundações, Sociedade Mineira de Engenharia, Belo Horizonte, 1979. 30 p.

AOKI, N. *Controle "in situ" da capacidade de carga de estacas préfabricadas via repique elástico da cravação*. Palestra proferida no Instituto de Engenharia de São Paulo, ABMS, Abef, São Paulo, 1986.

AOKI, N. A new dynamic load test concept. In: INTERNATIONAL CONFERENCE ON SOIL MECHANICS AND FOUNDATION ENGINEERING, 12., 1989, Rio de Janeiro. *Drivability of piles*: proceedings for the Discussion Session 14. Rio de Janeiro: ABMS, 1989a. v. 1, p. 1-4.

AOKI, N. Prediction of the behavior of vertical driven pile under static and dynamic conditions. In: INTERNATIONAL CONFERENCE ON SOIL MECHANICS AND FOUNDATION ENGINEERING, 12., 1989, Rio de Janeiro. *Drivability of piles*: proceedings for the Discussion Session 14. Rio de Janeiro: ABMS, 1989b. v. 2, p. 55-61.

AOKI, N. Carga admissível de estacas através de ensaios dinâmicos. In: SEFE - SEMINÁRIO ENGENHARIA FUNDAÇÕES ESPECIAIS, 2. Anais... São Paulo, 1991. v. 2, p. 269-292.

AOKI, N. *Provas de carga dinâmica em estacas*. Notas de aula, Escola de Engenharia de São Carlos, Universidade de São Paulo, São Carlos, 1996.

AOKI, N. *Determinação da capacidade de carga última de estaca cravada em ensaio de carregamento dinâmico de energia crescente*. 111 f.

Tese (Doutorado) – Escola de Engenharia de São Carlos, Universidade de São Paulo, São Carlos, 1997.

AOKI, N. Improving the reliability of pile bearing capacity by the dynamic increasing energy test (DIET). In: NIYAMA, S.; BEIM, J. (Ed.). *Application of stress-wave theory to piles*: quality assurance on land and offshore piling: proceedings of the Sixth International Conference. São Paulo: A. A. Balkema, 2000. p. 635-650.

AOKI, N. *Dogma do fator de segurança*. Palestra proferida no 6º Seminário de Engenharia de Fundações Especiais e Geotecnia, São Paulo, 2008. v. 1, p. 9-42.

AOKI, N. *Princípio de Hamilton aplicado ao ensaio SPT*. Palestra proferida no Seminário de Fundações com Solicitações Dinâmicas, Escola de Engenharia da Universidade Federal Fluminense, Niterói, 2012.

AOKI, N.; CINTRA, J. C. A. New interpretation of the dynamic loading curves for drive piles based on the energy approach. In: RECENT DEVELOPMENTS IN SOIL AND PAVEMENT MECHANICS, 1997, Rio de Janeiro. 1997. v. 1, p. 467-472.

AOKI, N.; CINTRA, J. C. A. The application of energy conservation Hamilton's principle to the determination of energy efficiency in SPT tests. In: NIYAMA, S.; BEIM, J. (Ed.). *Application of stress-wave theory to piles*: quality assurance on land and offshore piling: proceedings of the Sixth International Conference. São Paulo: A. A. Balkema, 2000. p. 457-460.

AOKI, N.; ESQUIVEL, E. R.; NEVES, L. F. S.; CINTRA, J. C. A. The impact efficiency obtained from static load test performed on the SPT sampler. *Soil and Foundations*, v. 47, n. 6, p. 1045-1052, Dec. 2007.

AOKI, N.; VELLOSO, D. A. An approximate method to estimate the bearing capacity of piles. In: PANAMERICAN CONFERENCE ON SOIL MECHANICS AND FOUNDATION ENGINEERING, 5., 1975, Buenos Aires. *Proceedings*... Buenos Aires, 1975. v. 1, p. 367-376.

ASTM - AMERICAN SOCIETY FOR TESTING AND MATERIALS. Standard test methods for deep foundations under static axial compressive load. D1143/D1143M. United States, 2007. 15 p.

BELINCANTA, A. *Energia dinâmica no SPT*: resultados de uma investigação teórico-experimental. 217 f. Dissertação (Mestrado) – Escola Politécnica, Universidade de São Paulo, São Paulo, 1985.

BSI - BRITISH STANDARDS INSTITUTION. Code of practice for foundations. BS8004. London, 1986. 187 p.

CAMPANELLA, R. G.; RESEARCH STUDENTS. *Interpretation & use of piezocone test data for geotechnical design*. UBC CPTU course manual. In-Situ Research Group, Civil Eng., The University of British Columbia, 1998. p. 1-85.

CAVALCANTE, E. H. *Investigação teórico-experimental sobre o SPT*. 410 f. Tese (Doutorado) – Coppe-UFRJ, Rio de Janeiro, 2002.

CEN. *Eurocode 7*: geotechnical design - part 1: general rules. EN 1997-1 (English). 2004. 168 p.

CHELLIS, R. D. *Pile foundations*. New York: McGraw-Hill, 1951.

CHIN, F. K. Estimation of the ultimate load of piles not carried to failure. In: SOUTHEAST ASIAN CONFERENCE ON SOIL ENGINEERING, 2. *Proceedings...* 1970. p. 81-90.

CINTRA, J. C. A.; ALBIERO, J. H. O caso da prova de carga inusitada. In: EESC-USP. (Org.). *Engenharia de fundações*: passado recente e perspectivas: homenagem ao Prof. Nelson Aoki. São Carlos, 2009. p. 47-54.

CINTRA, J. C. A.; AOKI, N. *Projeto de fundações em solos colapsíveis*. São Carlos: EESC-USP, 2009. 99 p.

CINTRA, J. C. A.; AOKI, N. *Fundações por estacas*: projeto geotécnico. São Paulo: Oficina de Textos, 2010. 96 p.

CINTRA, J. C. A.; TAKEYA, T. Instrumentação de modelos de estacas com strain gages. *Publicação 49*, EESC-USP, 1988. 19 p.

CLOUGH, R. W.; PENZIEN, J. *Dynamics of structures*. 2. ed. New York: McGraw-Hill, 1975. 738 p.

DÉCOURT, L. A ruptura de fundações avaliada com base no conceito de rigidez. In: SEFE - SEMINÁRIO DE ENGENHARIA DE FUNDAÇÕES ESPECIAIS E GEOTECNIA, 3., 1996, São Paulo. 1996. v. 1, p. 215-224.

DE MIO, G.; GIACHETI, H. L. The use of piezocone tests for high-resolution stratigraphy of Quaternary sediment sequences in the Brazilian coast. *Anais da Academia Brasileira de Ciências*, Rio de Janeiro, v. 79, p. 153-170, 2007. doi: http://dx.doi.org/10.1590/S0001-37652007000100017.

DE RUITER, J. Electronic penetrometer for site investigations. *Journal of the Soil Mechanics and Foundations Division*, v. 97, p. 457-462, 1971.

DOUGLAS, B. J.; OLSEN, R. S. Soil classification using electric cone penetrometer. Cone penetration testing and experience. In: ASCE NATIONAL CONVENTION, St. Louis. *Proceedings...* ASCE, 1981. p. 209-227.

FELLENIUS, B. H. Test loading of piles and new proof testing procedure. *Journal of Geotechnical Engineering Division*, ASCE, v. 101, n. GT-9, p. 855-869, Sept. 1975.

FELLENIUS, B. H. The analysis of results from routine pile load tests. *Ground Engineering*, London, v. 13, n. 6, p. 19-31, 1980.

FELLENIUS, B. H. Ignorance is bliss: and that is why we sleep well! *Geotechnical News*, Canadian Geotechnical Society and United States Society for Soil Mechanics and Foundation Engineering, v. 2, n. 4, p. 14-15, 1984.

FOÁ, S. B. *Análise do ensaio de carregamento dinâmico de energia crescente para o projeto de fundações profundas*. Dissertação (Mestrado) – Departamento de Engenharia Civil e Ambiental, Universidade de Brasília, Brasília, 2001.

GOBLE, G. G.; RAUSCHE, F. *Wave equation analysis of pile driving*: WEAP program. Washington, D.C.: U.S. Department of Transportation, Federal Highway Administration, 1981.

GOBLE, G. G.; LIKINS, G. E.; RAUSCHE, F. *Bearing capacity of piles from dynamic measurements*. Cleveland: Ohio Department of Transportation, 1975.

GODOY, N. S. *Interpretação de provas de carga em estacas*. Encontro Técnico Capacidade de Carga de Estacas Pré-Moldadas, ABMS, São Paulo, 1983. p. 25-60.

GONÇALVES, C.; BERNARDES, G. P.; NEVES, L. F. S. *Estacas pré-fabricadas de concreto*: teoria e prática. 1. ed. São Paulo, 2007.

GONÇALVES, C.; ANDREO, C. S.; BERNARDES, G. P.; FORTUNATO, S. G. S. *Controle de fundações profundas através de métodos dinâmicos*. 1. ed. 2000. 253 p.

HOUSEL, W. S. Pile load capacity: estimates and test results. *Journal of Soil Mechanics and Foundation Engineering*, ASCE, v. 92, n. SM4, p. 1-30, 1966.

HUSSEIN, M. H.; GOBLE, G. G. A brief history of the application of stress-wave theory to piles. *Current Practices and Future Trends in Deep Foundations*, Geotechnical Special Publication, American Society of Civil Engineers, Reston, p. 186-201, 2004.

L'HERMITE, R. *Ao pé do muro*. Senai, 1969. 173 p. Tradução da segunda edição de *Au pied du mur*, Eyrolles, Paris.

LAMBE, T. W.; WHITMAN, R. V. *Soil mechanics*: SI version. New York: John Wiley & Sons, 1979. 553 p.

LIKINS, G. E.; HUSSEIN, M. H. A summary of the pile driving analyzer capacity methods: past and present. In: PDA USER'S DAY, 11., Cleveland, 1988.

LIKINS, G. E.; FELLENIUS, B.; HOLTZ, R. Pile driving formulas: past and present. In: HUSSEIN, M. H. et al. (Ed.). *Full-scale testing and foundation design*. ASCE, 2012. p. 737-753.

LIKINS, G. E.; PISCSALKO, G.; RAUSCHE, F.; MORGANO, C. M. Detection and prevention of anomalies for augercast piling. In: NIYAMA, S.; BEIM, J. (Ed.). *Application of stress-wave theory to piles*: quality assurance on land and offshore piling: proceedings of the Sixth International Conference. São Paulo: A. A. Balkema, 2000. p. 205-210.

LOWERY Jr., L. L.; FINLEY Jr., J. R.; HIRSCH, T. J. *A comparison of dynamic pile driving formulas with the wave equation*. Research report 33-12 - Piling behavior research study n. 2-5-62-33. Texas: Texas Highway Department, 1968.

LUNNE, T.; ROBERTSON, P. K.; POWELL, J. J. M. *Cone penetration testing in geotechnical practice*. Blackie Academic & Professional, 1997. 312 p.

MASSAD, F. Notes on the interpretation of failure load from routine pile load tests. *Solos e Rochas*, São Paulo, v. 9, n. 1, p. 33-36, abril 1986.

MELLO, V. F. B. Deformações como base fundamental de escolha de fundação. *Geotecnia*, Lisboa, n. 12, p. 55-75, fev.-mar. 1975.

MILITITSKY, J. *Provas de carga estáticas*. Palestra proferida no 2º Seminário de Engenharia de Fundações Especiais, Abef/ABMS, São Paulo, 1991. v. 2, p. 203-228. MINÁ, A. J. *Estudo de estacas de madeira para fundações de pontes de madeira*. Tese (Doutorado) – Escola de Engenharia de São Carlos, Universidade de São Paulo, São Carlos, 2005.

MOHAN, D.; JAIN, G. S.; JAIN, N. P. A new approach to load tests. *Géotechnique*, London, v. 17, p. 274-283, 1967.

NAKAO, R. *Aplicação da equação da onda na análise do comportamento de estacas cravadas*. Dissertação (Mestrado) – Coppe-UFRJ, Rio de Janeiro, 1981.

NEVES, L. F. S. *Metodologia para a determinação da eficiência do ensaio SPT através de prova de carga estática sobre o amostrador padrão*. 90 f. Dissertação (Mestrado) – Escola de Engenharia de São Carlos, Universidade de São Paulo, São Carlos, 2004.

NIYAMA, S. *Medições dinâmicas na cravação de estacas*: fundamentos, instrumentação e aplicações práticas. Dissertação (Mestrado) – Escola Politécnica, Universidade de São Paulo, São Paulo, 1983.

ODEBRECHT, E. *Medidas de energia no ensaio SPT*. 230 f. Tese (Doutorado) – Universidade Federal do Rio Grande do Sul, Porto Alegre, 2003.

OLIVEIRA, J. R. M. S.; NUNES, P. R. R. L.; SILVA, M. R. L.; CABRAL, D. A.; FERREIRA, A. C. G.; CARNEIRO, L. A. V.; GIRALDI, M. T. M. R. Field apparatus for measurement of elastic rebound and final set for driven pile capacity estimation. *Geotechnical Testing Journal*, ASTM, v. 34, n. 2, 2011.

PAIKOWSKY, S. G.; CHERNAUSKAS, L. R. Energy approach for capacity evaluation of driven piles. In: BARENDS, F. (Ed.). *Proceedings of the Fourth International Conference on the Application of Stress-Wave Theory to Piles*. Netherlands: Balkema, 1992. p. 595-601.

PAIKOWSKY, S. G.; CHERNAUSKAS, L. R. Review of deep foundations integrity testing: methods and case histories. In: BSCES-GEO-INSTITUTE DEEP FOUNDATION SEMINAR, 2003, Boston. 2003. p. 1-30.

PDI - PILE DYNAMICS INC. *Ensaios de carregamento dinâmico e monitoração de cravação de estacas (Pile Driving Analyser e CAPWAP)*. Workshop. São Paulo, 2012.

QUARESMA, A. R.; DÉCOURT, L.; QUARESMA FILHO, A. R.; ALMEIDA, M. S. S.; DANZIGER, F. Investigações geotécnicas. In: HACHICH, W. et al. (Ed.). *Fundações: teoria e prática*. 2. ed. São Paulo: Pini, 1998. cap. 3, p. 119-162.

RANZINI, S. M. T. SPTF. *Solos e Rochas*, v. 11, n. único, p. 29-30, 1988.

RAUSCHE, F.; GOBLE, G. G. Determination of pile damage by top measurements. *Behavior of Deep Foundations*, ASTM STP 670, p. 500-506, 1979.

RAUSCHE, F.; GOBLE, G. G.; LIKINS, G. E. Dynamic determination of piles capacity. *Journal of Geotechnical Engineering*, ASCE, v. 111, n. 3, p. 367-383, 1985.

RAUSCHE, F.; LIKINS, G. E.; REN-KUNG, S. Pile integrity testing and analysis. In: BARENDS, F. (Ed.). *Proceedings of the Fourth International Conference on the Application of Stress-Wave Theory to Piles*. Netherlands: Balkema, 1992. p. 613–617.

ROBERTSON, P. K. Soil classification using the cone penetration test. *Canadian Geotechnical Journal*, v. 27, n. 1, p. 151-158, 1990.

ROBERTSON, P. K. CPT interpretation: a unified approach. *Canadian Geotechnical Journal*, v. 46, n. 11, p. 1337-1355, 2009.

ROBERTSON, P. K.; CABAL, K. L. *Guide to cone penetration testing for geotechnical engineering*. 5. ed. Signal Hill: Gregg Drilling & Testing Inc., 2012. 130 p.

ROBERTSON, P. K.; CAMPANELLA, R. G.; WIGHTMAN, A. SPT-CPT correlations. *Journal of the Geotechnical Division*, ASCE, v. 109, n. GT11, p. 1449-1460, 1983.

ROBERTSON, P. K.; CAMPANELLA, R. G.; GILLESPIE, D.; GREIG, J. Use of piezometer cone data. In: ASCE SPECIALTY CONFERENCE IN SITU: USE OF IN SITU TESTS IN GEOTECHNICAL ENGINEERING, 1986, Blacksburg, Virginia. *Proceedings...* ASCE, 1986. p. 1263-1280.

SCHIAVON, J. A. *Planilha Excel para utilização do método de Van der Veen (original e modificado por Aoki)*. São Carlos: Departamento de Geotecnia, Escola de Engenharia de São Carlos, Universidade de São Paulo, 2013.

SCHNAID, F.; ODEBRECHT, E. Ensaios de cone (CPT) e piezocone (CPTU). In: SCHNAID, F.; ODEBRECHT, E. *Ensaios de campo e suas aplicações à engenharia de fundações*. 2. ed. São Paulo: Oficina de Textos, 2012. 223 p.

SMITH, E. A. L. Pile driving analysis by the wave equation. *Journal of Soil Mechanics and Foundation Division*, ASCE, v. 86, n. SM4, p. 36-61, 1960.

SOUZA FILHO, J. M.; ABREU, P. S. B. *Procedimentos para controle de cravação de estacas pré-moldadas de concreto*. Palestra no Congresso Brasileiro de Mecânica dos Solos e Engenharia de Fundações, Salvador, 1990. v. 1, p. 309-319.

TERZAGHI, K. Pile-driving formulas. Discussion on the Progress Report of the Committee on the Bearing Value of Pile Foundations. *Proceedings of the ASCE*, v. 68, n. 2, p. 311-323, Feb. 1942.

TERZAGHI, K. *Theoretical soil mechanics*. New York: John Wiley & Sons, 1943. 510 p.

TSCHEBOTARIOFF, G. P. *Fundações, estruturas de arrimo e obras de terra*. McGraw-Hill do Brasil, 1978. Tradução da segunda edição em inglês. 513 p.

VAN DER VEEN, C. The bearing capacity of a pile. In: INTERNATIONAL CONFERENCE ON SOIL MECHANICS AND FOUNDATION ENGINEERING, 3., 1953, Zurich. Proceedings... ISSMFE, 1953. v. 2, p. 84-90.

VELLOSO, D. A.; LOPES, F. R. *Fundações*. Rio de Janeiro: Coppe-UFRJ, 2002. v. 2.

VELLOSO, P. P. C. *Fundações*: aspectos geotécnicos. Rio de Janeiro: Departamento de Engenharia Civil da Pontifícia Universidade Católica, 1987. v. 2/3.

VESIC, A. S. Bearing capacity of shallow foundations. In: WINTERKORN, H. F.; FANG, H. Y. (Ed.). *Foundation engineering handbook*. New York: Van Nostrand Reinhold, 1975. Chap. 3, p. 121-147.